Hubert Untersteiner

Schädlinge
in Haus und Garten

Erkennen · Vorbeugen · Bekämpfen

Leopold Stocker Verlag
Graz – Stuttgart

Titelbilder: Johannes Gepp, Johann Glauninger, Fritz Kummert, Helmut Stundner, Herbert Majcenovic.
Fotos im Textteil: Johannes Gepp, Johann Glauninger, Fritz Kummert, Helmut Stundner, Herbert Majcenovic, Ute Gaigg, Heike Pekarz, Dieter Hopf, Rudolf Hönle, Gerhard Rottenmanner, Sabine Plaininger, Karl Adlbauer

Umschlaggestaltung: Reproteam, Graz

Die anderen Bilder und Zeichnungen wurden freundlicherweise vom Autor zur Verfügung gestellt.

Bibliografische Information Der Deutschen Bibliothek
Die Deutsche Bibliothek verzeichnet diese Publikation in der Deutschen Nationalbibliografie; detaillierte bibliografische Daten sind im Internet unter http://dnb.ddb.de abrufbar.

Hinweis: Dieses Buch wurde auf chlorfrei gebleichtem Papier gedruckt. Die zum Schutz vor Verschmutzung verwendete Einschweißfolie ist aus Polyethylen chlor- und schwefelfrei hergestellt. Diese umweltfreundliche Folie verhält sich grundwasserneutral, ist voll recyclingfähig und verbrennt in Müllverbrennungsanlagen völlig ungiftig.

ISBN 978-3-7020-1126-0

© Copyright by Leopold Stocker Verlag, Graz 2007
Layout: MG Grafik+Design, Michaela Kolb & Partner, Graz
Gesamtherstellung: Druckerei Theiss GmbH, 9431 St. Stefan
Printed in Austria

Inhalt

Nützlinge erkennen und fördern

Nutzinsekten

Nützliche Kriechtiere und Amphibien

Vorwort und Bedankung

Viele Bekannte, die wissen, dass ich Zoologe bin und mich unter anderem mit Insekten und Pflanzenkrankheiten beschäftige, baten mich oft um Rat, wenn es um die Frage ging, was sie für Krabbeltiere in Haus, Wohnung oder Garten haben und was sie dagegen tun könnten. Ich bin meinen Bekannten nach bestem Wissen mit Rat und Tat zur Seite gestanden und habe ihnen geholfen, ihr Schädlingsproblem, sofern es relevant war, in den Griff zu bekommen. Gleichzeitig merkte ich, wie wissbegierig die Leute Informationen über die Biologie und Ökologie von Schädlingen und Nützlingen aufnahmen. Als ich dann von Herrn DI Gaigg vom Stocker Verlag gefragt wurde, ob ich ein Buch über Schädlinge in Haus und Garten schreiben wolle, war ich erfreut, da ich hier die Gelegenheit bekam, ein Buch zu verfassen, in dem sich jeder über die wichtigsten Schädlinge in Haus und Garten und deren Vermeidung und Bekämpfung informieren kann. Und da ich ursprünglich aus der „Angewandten Zoologie" komme, machte das Verfassen des Manuskriptes besonders viel Freude.

Ein Sachbuchprojekt ist eine komplexe Sache und kann daher von einem Autor nie alleine realisiert werden. So danke ich allen beteiligten Personen, die im Hintergrund an der Entstehung des Ihnen vorliegenden Buches mitgewirkt haben. Zunächst gilt mein Dank dem Lektor und Initiator des Buchprojektes, Herrn Dipl.-Ing. Walter Gaigg, der selbst große Sachkenntnis über Schädlinge und Nützlinge hat und daher neben dem Lektorat auch zahlreiches Bildmaterial eingebracht hat. Weiters danke ich Frau Mag. Theresia Geiger vom Stocker Verlag für das sehr genaue Korrekturlesen des Manuskriptes und für ihre wertvollen Verbesserungsvorschläge. Viele Fotos, die in diesem Buch abgedruckt sind, sind freundlicherweise von verschiedenen Personen zur Verfügung gestellt worden, bei denen ich mich ausdrücklich dafür bedanken möchte. Namentlich danke ich hierfür meiner Studienkollegin und guten Freundin, Frau Dr. Gerlinde Pauluzzi, Frau Mag. Heike Pekarz, Frau Ute Gaigg, Herrn Gerhard Rottenmanner, Herrn Dr. Johannes Gepp, Herrn Dr. Johann Glauninger, Herrn Dipl.-Ing. Fritz Kummert, Herrn Helmut Stundner, Frau Dipl.-Ing. Sabine Plaininger, Herrn Dr. Karl Adlbauer und Herrn Ing. Herbert Majcenovic.

Last but not least gilt mein Dank meiner Lebenspartnerin, Mag. Petra Schwarzl, die bei Spaziergängen viel Geduld aufwies, wenn ich wieder in der Botanik verschwand, um irgendwelche Schädlingsfotos zu machen. Sie ertrug es sogar, dass ich ihr beim letzten Erdbeerlandbesuch nicht half, Erdbeeren zu pflücken, sondern nach dem Erdbeerblütenstecher suchte, den ich, Gott sei Dank, nach einiger Zeit auch fand und fotografieren konnte. Darüber hinaus möchte ich mich auch bei all jenen Personen bedanken, die mir Zugang zu ihren Gärten gewährten und mir dadurch ermöglichten, wertvolles Bildmaterial für dieses Buch zu gewinnen. Insbesondere gilt hier mein Dank Gertrude und Josef Schwarzl sowie Gertrude Steiner.

Einführung

Der Mensch, der sein Heim gerne sein Eigen nennt, teilt es sich mit zahlreichen anderen Organismen, wie verschiedenen Insekten, Würmern, Nagetieren, Pilzen, Bakterien, etc., mit denen er in einem Beziehungsgefüge steht. Je nachdem, ob diese Organismen dem Menschen in irgendeiner Weise nützlich, eher lästig oder sogar schädlich sind, werden sie in die Kategorie „Nützling", „Lästling" oder „Schädling" eingeteilt:

• Nützlinge

Als Nützlinge werden Organismen bezeichnet, die dem Menschen in irgendeiner Form nützlich sind. In diese Kategorie fallen vor allem Organismen, die Gegenspieler (z. B. Fressfeinde, Parasiten oder Parasitoide) von Schadorganismen sind. Aber auch Organismen, die durch ihr Verhalten ihren Lebensraum derart verändern, dass dies für den Menschen von Nutzen ist, fallen in diese Kategorie (z. B. Grabtätigkeit von Regenwürmern).

• Lästlinge

Als Lästlinge werden Organismen bezeichnet, die dem Menschen zwar nicht schaden, aber von ihm als lästig empfunden werden. So manch unbeliebte Haus- und Gartenmitbewohner oder -besucher, wie z. B. Kellerasseln, Ohrwürmer, Silberfischchen, Frucht- oder Taufliegen, Wespen oder bestimmte Ameisenarten fallen in diese Kategorie. Bei Massenauftreten kann so mancher Lästling auch zum Schädling werden.

• Schädlinge

Als Schädlinge werden jene bezeichnet, die für den Menschen in mehr oder weniger großem Ausmaß schädlich sind. Schädlich werden sie z. B. als Nahrungskonkurrenten des Menschen, als Zerstörer der für den Menschen wichtigen Biomasse (z. B. Kulturpflanzenschädlinge) oder als Überträger von Infektionen.

Es sei hier noch angemerkt, dass die Natur keine Nützlinge, Lästlinge oder Schädlinge kennt. Eine Einteilung der Organismen in eine der oben genannten Kategorien ist eine rein anthropozentrische (menschliche) Sichtweise und biologisch nicht berechtigt. Aus menschlicher Sicht spielen hier vor allem wirtschaftliche Überlegungen eine Rolle, ob ein Mitgeschöpf als eher nützlich oder schädlich empfunden wird. In einem funktionierenden Ökosystem ist das Beziehungsgefüge der Organismen untereinander einem ausgewogenen Rhythmus unterworfen. Eine übermäßige Vermehrung eines sogenannten Schädlings (Massenvermehrung) begünstigt auch die Vermehrung der natürlichen Gegenspieler (Antagonisten), die die Schädlingspopulation reduzieren. Auch die Abnahme der Nahrungsressourcen führt zu einer Reduktion der Schädlingspopulation. Die dezimierte Individuendichte des Schädlings führt in weiterer Folge auch wieder zu einer Abnahme der Nützlingspopulation. Vielfach sind es erst Veränderungen des Ökosystems durch den Menschen, die dieses Beziehungsgefüge stören.

Vorbeugen gegen Schädlinge

Die beste Maßnahme gegen das Auftreten von Schädlingen in Wohnung, Haus und Garten ist die Vorbeugung (Prophylaxe). Prophylaktische Maßnahmen sind auch billiger und weniger umweltbelastend als diverse Bekämpfungsmaßnahmen, die erst dann zum Einsatz kommen, wenn man bereits ein Schädlingsproblem hat. Prinzipiell zielt jede vorbeugende Maßnahme gegen Schädlingsbefall darauf ab, den Lebensraum Wohnung, Haus oder Garten so zu gestalten, dass eine Massenvermehrung eines Schadorganismus möglichst nicht begünstigt wird.

Prophylaktische Maßnahmen in Haus und Wohnung

In Wohnungen oder Häusern finden Schädlinge oder Lästlinge oft ideale Bedingungen für eine Massenvermehrung. Solche idealen Bedingungen werden unter anderem geschaffen durch:

- beheizte Räume, die dafür ein optimales Klima schaffen,
- verbaute Aeale, die gute Brut- und Versteckmöglichkeiten für Schädlinge bieten und
- Vorratskammern, die ergiebige Nahrungsquellen für die Schadorganismen sind.

Folgende vorbeugende Maßnahmen gegen Schädlingsbefall sind in Wohnungen und Häusern zu empfehlen:

- Wohn- und Essräume regelmäßig säubern. Staubsaugen, Kehren und Reinigen mit umweltverträglichen Allzweck- und Essigreinigern sind ausreichende Hygienemaßnahmen. Auf keinem Fall sollte man versuchen, sein Heim klinisch steril zu bekommen.
- Kellerräume und Abstellkammern sollten regelmäßig ausgekehrt werden.
- Abgedunkelte und feuchte Areale, z. B. hinter Küchenunterschränken, Kühlschränken, Waschmaschinen etc., sollten in regelmäßigen Abständen gereinigt werden.
- Jedwede Speisereste auf Tisch, Boden, im Vorratsschrank oder am Geschirr sollten sofort entfernt werden.
- Lebensmittel kühl, trocken und in gut verschließbaren, für Schädlinge unzugänglichen Behältern lagern.
- Abfallbehälter regelmäßig entleeren. Vor allem Biomülltonnen beinhalten optimale Brutsubstrate für diverse Insekten, wie z. B. Fruchtfliegen.
- Verbauungen mit Fliegengaze und Fliegengitter schützen vor unerwünschtem Eindringen von diversen Insekten.
- Die Luftfeuchtigkeit in den Wohnräumen sollte durch regelmäßiges Stoß-

lüften oder Querlüften verringert werden. Beim Stoßlüften werden alle Fenster ein paar Minuten ganz geöffnet und danach wieder verschlossen. Beim Querlüften werden ein Raumfenster und eine gegenüberliegende Raumtür gleichzeitig für mehrere Minuten geöffnet. Diese Lüftungsmethoden sollten auch im Winter praktiziert werden.

- Regelmäßiges Kontrollieren und Sanieren der Bausubstanz.

Prophylaktische Maßnahmen im Garten

Im Garten kommen Schädlinge als Fraßschädlinge und Krankheitserreger von Gemüse-, Obst- und Zierpflanzen vor. Oft treten sie dabei als Schwächeparasiten dieser Pflanzen auf, d. h., sie befallen zuerst Pflanzen, die bereits primär geschwächt sind. Dies kann durch Stressfaktoren, wie ungünstige Standortbedingungen oder Nährstoffmangel hervorgerufen werden. Auch die Wahl der richtigen Pflanzen für die Gartenbepflanzung spielt dabei eine wichtige Rolle, da jede Pflanzenart ihre eigenen Ansprüche an Standortfaktoren wie Boden, Wasserhaushalt, Nährstoffversorgung und Klima stellt.

Folgende vorbeugende Maßnahmen gegen Schädlingsbefall sind im Garten zu empfehlen:

- Auswahl geeigneter, gesunder Pflanzensorten bzw. gesundes Saat- und Pflanzgut.
- Durchführung richtiger Kulturmaßnahmen, wie z. B. Berücksichtigen der richtigen Saat- und Pflanztermine.
- Erarbeitung der pflanzengeeigneten

Fruchtfolge sowie sinnvolle Maßnahmen zur Bodenbearbeitung.

- Maßnahmen zur Erhaltung eines gesunden, nährstoffreichen Bodens. Zu solchen zählt z. B. eine gute Humuspflege durch die Einbringung von Kompost, was die Bildung von lockerer, feuchter, nährstoffreicher Erde fördert. Nackter Gartenboden sollte mit Mulch abgedeckt werden, damit eine Erosion verhindert wird. Als Mulchmaterial eignet sich abgemähtes, zerschnittenes Pflanzenmaterial, wie Gräser, Kräuter und Laub. Der Gartenbesitzer, der ein Problem mit Schnecken hat, sollte daher berücksichtigen, dass diese bodenverbessernde Maßnahme auch günstige Lebensbedingungen für die unerwünschten Gäste bietet. Neben der Düngung mit Kompostgaben sind je nach Standort und Pflanzenansprüchen zusätzliche Nährstoffe zuzuführen. Wichtig ist dabei, die richtige Düngungsmenge zu ermitteln, da sowohl Nährstoffmangel als auch eine Überdüngung zur Primärschädigung der Garten-, Obst- bzw. Gemüsepflanzen führen kann und so einen Befall durch Sekundärschädlinge, wie z. B. diverse Schadinsekten, begünstigt.
- Für die Aufnahme und den Transport der Nährstoffe ist eine ausreichende Wasserversorgung zu gewährleisten.
- Förderung von Nützlingen im Garten durch Schaffung natürlicher und künstlicher Unterschlupf-, Nist- und Überwinterungsmöglichkeiten. Diese Nützlingsattraktoren sollten aus natürlichem Material hergestellt werden. Hiezu geeignet sind z. B. Holzblöcke mit Bohrlöchern, Schilfrohrbündel, Reisighaufen, Holzstapel, Steinhaufen und Nistkästen. Diese Strukturen sollten an wind- und niederschlagsgeschützten Stellen errichtet werden.

Unerwünschte Mitbewohner in Haus bzw. Wohnung

Von den nachstehend angeführten Schadorganismen werden oft unterschiedliche Räume in Haus und Wohnung bevorzugt. Je nach Art findet man sie in der Küche, im Wohn- und Schlafzimmer, Bad, Keller, auf dem Dachboden etc. Einige Arten sind an mehreren Plätzen anzutreffen.

Backobstkäfer
Carpophilus hemipterus

Aussehen: 2–4,5 mm groß; dunkelbraun bis schwarz gefärbt; Flügeldecken (Elytren) bedecken den Hinterleib nur teilweise, so dass die beiden letzten Hinterleibssegmente frei liegen; jede Flügeldecke ist mit 2 rötlichgelben bis gelben Flecken gezeichnet; die Fühler enden jeweils in einer 3-gliedrigen, dunkel gefärbten Keule.

1 mm

Biologie: Die Backobstkäfer werden häufig mit getrocknetem Obst oder Getreide eingeschleppt. Für eine optimale Embryonal- und Larvalentwicklung braucht der Käfer eine Temperatur von 20 °C und eine relativ hohe Feuchtigkeit des Brutsubstrats. Sind diese optimalen Bedingungen gegeben, neigt die Art zur Massenvermehrung. Jedes Weibchen legt auf geeignetem Substrat bis zu 1.000 Eier. Der Generationszyklus ist unter optimalen Bedingungen bereits nach 4 Wochen abgeschlossen.

Schadbild: Vorrats- und Hygieneschädling in Supermärkten, Lebensmittelfabriken und Speichern. Befallen werden verschiedene getrocknete Obstsorten, wie z. B. Pfirsiche, Marillen, Zwetschken, Feigen, Datteln etc., auf denen auch die Eier abgelegt werden. Ein Befall anderer Vorratsmittel, wie z. B. Getreide, Mais, getrocknete Pflanzenteile, Nüsse und Backwaren, durch die erwachsenen Käfer ist möglich. Als Brutsubstrat sind solche Vorräte allerdings nur geeignet, wenn diese ausreichend feucht geworden sind. In Lagervorräten mit getrocknetem Obst finden die Schädlinge hingegen meistens optimale Bedingungen für ihre Nachkommen. Die ausgeschlüpften Larven fressen dabei zahlreiche Gänge, die mit einer krümeligen Masse aus Kot und Nahrungsresten ausgefüllt sind, durch das Obst. Mit dem Kot übertragen sie auch Mikroorganismen (Bakterien, Pilze), die für einen relativ raschen Verderb der befallenen Früchte verantwortlich sind.

Vorbeugung: Vorratsgüter müssen trocken gelagert werden. Jede Feuchtigkeit in den Lagerräumen und Vorratskammern ist zu vermeiden.

Bekämpfung: Stellt man in häuslichen Vorratskammern fest, dass ein Befall vorliegt, sollten bereits verdorbene Früchte aussortiert werden. Damit bei den restlichen Vorratsmitteln alle Entwicklungsstadien des Käfers abgetötet werden, sollten sie mindestens 1 Woche lang in der Tiefkühltruhe gelagert werden. Sämtliche Gefäße und Vorratsschränke, in denen sich Vorratsgüter befanden, die vom Backobstkäfer befallen wurden, müssen gründlich gereinigt und desinfiziert werden. Von einer Desinfektion der Vorratsbehälter mittels Insektensprays ist abzuraten, da diese mitunter Wirkstoffe enthalten, die auch für den Menschen schädlich sein können. Viele Insektizide enthalten z. B. den Wirkstoff Pyrethrum, ein Pyrethroid, das aus Chrysanthemen (*Tanacetum cinerariifolium*) extrahiert wird. Pyrethroide sind zwar rein pflanzliche Substanzen, was aber nicht darüber hinwegtäuschen darf, dass auch die Natur nicht nur Arzneimittel hervorbringt, sondern auch toxische Substanzen für andere Organismen. Pyrethroide wirken neurotoxisch auf Insekten (Schädlinge als auch Nützlinge), wobei die Natriumkanäle in den Nervenmembranen blockiert werden. Darüber hinaus wurde für diese Wirkstoffe eine erhebliche Fischtoxizität festgestellt. Eine Kontamination der Lebensmittel mit diesen Wirkstoffen ist auf alle Fälle zu vermeiden. Diagnostiziert man bei einem größeren Vorratsspeicher einen Befall mit Backobstkäfern, muss dieser mit entsprechenden gasförmigen Insektiziden begast werden.

Brotkäfer
Stegobium paniceum

Aussehen: 1,75–4 mm groß; rotbraun gefärbt mit kurzer, dicht stehender Behaarung; die mit feinen Punktreihen versehenen Flügeldecken (Elytren) bedecken den ganzen Hinterleib; das Halsschild ist seitlich scharf gerandet; die Fühler enden mit 3 langen Endgliedern.

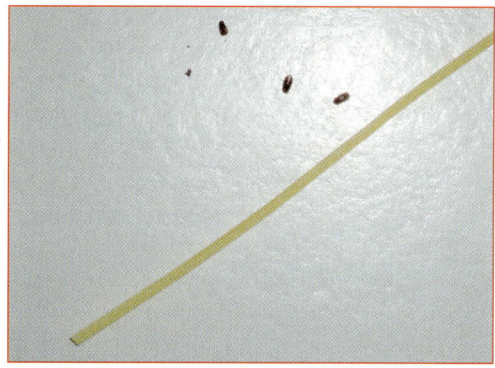

Größenvergleich Spaghetti und Brotkäfer

Biologie: Die Weibchen legen bis zu 100 etwa 0,4 mm große Eier an Nahrungsmitteln, wie Mehl, Gewürzen, oder an dunklen Stellen ab. Der Brotkäfer lebt in obligatorischer Symbiose mit einem Hefepilz, der mit Hilfe von paarigen Anhängen der weiblichen Geschlechtsorgane an die Eioberfläche aufgebracht wird. Sobald die Larven schlüpfen, werden sie mit dem Hefepilz infiziert. Man vermutet, dass der Pilz wichtige Vitamine für die Käfer bereitstellt. Die Larven sind engerlingsförmig, d. h. bauchwärts gekrümmt. Das 1. Larvenstadium ist etwa 0,5 mm groß, die letzten 5 mm. Die Larven haben eine hellbraun gefärbte Kopfkapsel mit kräftigen, dunkel gefärbten Mundwerkzeugen. In einem geeigneten Brutsubstrat fertigen die Larven aus einem Sekret ihrer Speicheldrüsen einen Kokon an, in dem sie sich dann häuten und verpuppen. Im Puppenstadium erfolgt die Metamorphose zum Jungkäfer, der erst nach der Aushärtung des Exoskeletts und der Reifung der Geschlechtsorgane aus dem Kokon schlüpft. Die adulten Käfer nehmen keine Nahrung mehr zu sich, sondern paaren sich. Anschließend beginnen die Weibchen mit der Eiablage, die sich bis zu 3 Wochen hinziehen kann. Danach verlassen die Weibchen ihre versteckten Aufenthaltsorte und suchen Fenster oder Wohnungswände auf. Meistens wird ein Befall erst durch diese Individuen entdeckt.

Die Entwicklung vom Ei bis zum Vollkerf ist temperaturabhängig und dauert bei 20–22 °C etwa 219 Tage, bei 26–27 °C nur noch etwa 66–74 Tage. In einem Jahr können sich 2–3 Generationen entwickeln. Der Brotkäfer ist wohl der häufigste Schädling in Häusern, Wohnungen, Apotheken und Drogerien.

Vorkommen: Nahezu weltweit verbreitet. Man findet die Käfer in menschlichen Vorratskammern und -schränken an Brot, Teigwaren, Getreideprodukten, Hülsenfrüchten, Kräutern, Tee, getrockneten Pilzen und Kaffeebohnen.

Schadbild: Die Larven bohren sich ins Innere von trockenen Nahrungsmitteln, wie Teig- und Backwaren oder Nüssen. Weiters findet man sie an Hülsenfrüchten, Getreide, getrocknetem Pflanzenmaterial, Kaffee, Kakao, Schokolade und Materialien, wie Bucheinbände, Leder, Herbarien etc. Der Schaden an den Nahrungs- und Vorratsgütern entsteht durch Fraßtätigkeit der Larven und Verunreinigung mit Kot und Gespinstverklebungen. Die Käfer sind auch in der Lage, Plastikfolie, Karton, Papier und Silikonabdichtungen durchzunagen. Der Brotkäfer ist ein typischer Hygieneschädling, d. h., befallene Nahrungsmittel sollten nicht mehr verzehrt werden.

Vorbeugung: Vorratskammern und Vorratsbehälter regelmäßig auf Befall kontrollieren. Vor allem auf Fraßspuren und kleine Löcher in den Packungen achten. Nicht zu große Vorräte einlagern, sondern besser kleinere Einkäufe tätigen. Nahrungsmittelvorräte in festschließende Vorratsgefäße, wie Glasgefäße mit Gummidichtungen, umfüllen und dort lagern. Eine kühle Lagerung (unter 16 °C) verhindert die Weitervermehrung.

Bekämpfung: Da Brotkäfer nach derzeitigem Stand des Wissens keine Krankheiten auf den Menschen übertragen, reicht es, die Nahrungsmittel bei leichtem Befall eine Woche bei −18 °C tiefzufrieren. Alternativ können Lebensmittel auch in das Backrohr gegeben und dort für 30 Minuten auf 80 °C erhitzt werden.

Mehlkäfer
Tenebrio mollitor

Aussehen: Relativ großer, bis zu 1,8 cm langer Käfer; auf der Oberseite glänzend schwarzbraun und auf der Unterseite rotbraun gefärbt; die Flügeldecken (Elytren) sind mit punktierten Längslinien versehen und bedecken den ganzen Hinterleib; die Larven sind langgestreckt, rundlich und gelblichbraun gefärbt mit dunkleren Ringen an den Segmentenden; die bis zu 3 cm langen Larven werden als Mehlwürmer bezeichnet.

Biologie: Die Weibchen legen für einige Wochen rund 40 Eier pro Tag (insgesamt bis zu ca. 500 Eier) in ein geeignetes Nährsubstrat. Die Entwicklung vom Ei bis zum Vollkerf dauert in unseren Breiten in der Regel ein Jahr. Bei niedrigeren Temperaturen kann eine Entwicklungsunterbrechung eintreten, so dass die Entwicklungszeit auch länger dauern kann. Ein Massenauftreten des Mehlkäfers ist aus diesen Gründen sehr selten. Die adulten Käfer haben eine Lebenserwartung von 4–6 Wochen. Die Larven sind sehr kälteempfindlich und sterben bereits nach kurzer Zeit

ab, wenn die Temperatur den kritischen Bereich von 5 °C erreicht. Weitaus weniger empfindlich sind hingegen die Puppen- und Käferstadien, die auch kurze Frostperioden überstehen können. Hitze- und Trockenperioden werden von allen Entwicklungsstadien sehr gut ertragen.

Vorkommen: Als typischer Kulturfolger hält sich die Art gerne in menschlichen Gebäuden, wie Wohnungen, Häuser, Getreidespeicher, Bäckereien, Mühlenbetriebe und Viehmastbetriebe, auf. In freier Natur lebt die Art in Vogelnestern (Tauben, Spatzen) und im Totholz, wo sie sich von den Larven holzzerstörender Insekten ernährt.

Schadbild: Typischer Vorrats-, Hygiene- und Materialschädling. Der Mehlkäfer ernährt sich von stärkehältigen Produkten, wie Getreide, Mehl, Backwaren und trockenem Tabak. Durch den Kot der Larven und deren Häutungsprodukte werden die Lebensmittel, vor allem Mehl, relativ stark verunreinigt. Mehl wird klumpig, riecht muffig und verliert seine Backfähigkeit. Solche Lebensmittel sind aus hygienischen Gründen nicht mehr für den Verzehr durch den Menschen geeignet und sollten rasch entsorgt werden. Eine weitere Bedeutung als Hygieneschädling erlangt der Mehlkäfer insofern, als er auch als Zwischenwirt für den Rattenbandwurm (*Hymenolepis diminuta*) fungiert und diesen auch auf den Menschen übertragen kann. Beim Menschen führt ein Rattenbandwurm-Befall zu Magen-Darm-Beschwerden und Durchfall. Neben seiner Rolle als Fraß- und Hygieneschädling kommt dem Mehlkäfer insofern auch noch eine Bedeutung als Materialschädling zu, als sich die Mehlwürmer gerne in wärmeisolierendes Material (z. B. Styropor) einbohren und sich dort verpuppen.

Vorbeugung: Da die Art nicht zur Massenvermehrung neigt, reicht es aus, Vorratskammer, Schränke, Brotkisten, Getreidespeicher etc. regelmäßig auf Befall zu kontrollieren. Lebensmittel wie Mehl- und Backwaren sollten in fest verschließbaren Behältern gelagert werden.

Bekämpfung: Befallene Lebensmittel sollten rasch entsorgt werden. Lebensmittel können auch für einige Tage tiefgekühlt werden, um sicherzustellen, dass alle Entwicklungsstadien des Käfers abgetötet werden. Vorratskammern und Lebensmittelschränke können auch mit Insektiziden, die als Wirkstoff Pyrethroide enthalten, behandelt werden. Nach einer Einwirkzeit von ein paar Stunden müssen die Vorratskammern sehr gründlich gereinigt werden. Eine Kontamination von Lebensmitteln mit derartigen Insektiziden ist auf alle Fälle zu vermeiden.

Gemeiner Speckkäfer
Dermestes lardarius

Aussehen: 7–9,5 mm groß; kompakter, rundlich-ovaler Körperbau; braunschwarz gefärbt; auf jeder Flügeldecke (Elytre) befindet sich eine gelbbraune, behaarte Querbinde mit 3 schwarzen Punkten im vorderen Flügeldeckenbereich; der hintere Teil der Flügeldecke ist braunschwarz; die Flügeldecken bedecken den Hinterleib zur Gänze; die rötlichbraunen Fühler enden in einer 3-gliedrigen Keule; die Larven sind bräunlich gefärbt und werden bis zu 13 mm lang; die Oberseite des Larvenkörpers ist mit langen Haaren und Borsten besetzt; der Larvenkörper verschmälert sich graduell von vorne nach hinten.

Biologie: Die Käfer haben in unseren Breiten in der Regel eine Generation; nur unter sehr günstigen Bedingungen können auch zwei Generationen auftreten. Die Überwinterung erfolgt im Puppenstadium; der fertige Vollkerf (adulter Käfer) schlüpft meist im April. Optimale Entwicklungsbedingungen liegen bei einer Temperatur von 25 °C und einer relativen Luftfeuchtigkeit von 65 %. Die durchschnittliche Entwicklungsdauer liegt unter diesen Bedingungen bei rund 48 Tagen. Im Freiland lebt die Art in Vogelnestern und Bienenstöcken. Hier kommt dem Speckkäfer eine wichtige Rolle als Beseitiger von Tierkadavern zu, da sich seine Larven von Aas ernähren. Als typischer Kulturfolger wird diese Ernährungsgewohnheit des Gemeinen Speckkäfers für den Menschen ein Problem.

Vorkommen: Ursprünglich aus Eurasien, heute aber weltweit vorkommend. Als Kulturfolger befindet er sich fast ausschließlich in menschlichen Behausungen und Lagerräumen.

Schadbild: Typischer Hygiene- und Materialschädling. In Haushalten und Lagern ernähren sich die Larven und Käfer von tierischem und pflanzlichem Material aller Art (Wurst, Speck, Teigwaren, Trockenfisch, Leder etc.) Da sie in der Lage sind, Keratin zu verdauen, fressen sie auch Felle, Federn, ausgestopfte Tiere, Insektensammlungen, zoologische Sammlungen, Hornprodukte und Wolle und werden auf diese Weise auch zu Textilschädlingen. Zur Verpuppung bohren sich die Larven zudem noch in feste Materialien, wie Holz, Mörtel, Papier, Pappe, Kork und Styropor, ein. Bei Massenauftreten kann es neben Hygieneschäden auch zu empfindlichen Schäden am Haushalts- und Lagermobiliar kommen.

Vorbeugung: Lebensmittel wie Fleisch und Käse möglichst kühl lagern. Andere Produkte, wie Teigwaren, in dicht verschließbare Glasbehälter geben. Polstermöbel, Teppiche und Vorhänge regelmäßig pflegen und kontrollieren. Nisten von Tauben, Mäusen etc. am Dachboden oder Balkon verhindern.

Bekämpfung: Bekämpfung nur der Larven und adulten Käfer möglich, da sich die Puppen in unzugänglichen Hohlräumen befinden und damit einer Bekämpfung so gut wie nicht zugänglich sind. Treten Käfer nur vereinzelt auf, reicht eine mechanische Bekämpfung durch Absaugen mit dem Staubsauger oder – noch besser – mit einem eigenen Insektensauger. Liegt jedoch bereits ein Massenauftreten vor, muss zuerst die Entwicklungsstätte der Larven ausfindig gemacht werden. Eine effiziente Bekämpfung ist unter solchen Bedingungen nur noch mit Insektiziden, deren Wirkstoffbasis „Pyrethroide" sind, möglich.

Schaben

Schaben sind urtümliche Insekten und werden im Volksmund gerne als Kakerlaken bezeichnet. Sie haben einen urtümlichen Körperbau, der sich seit rund 350 Millionen Jahren kaum verändert hat. Der Körper ist dorsoventral abgeflacht, wodurch es den Tieren ermöglicht wird, in flachen Ritzen, Spalten und Fugen herumzukrabbeln. Sie besitzen 3 paar gut entwickelte Laufbeine, mit deren Hilfe sie flink herumlaufen können. Schaben gehören unter den Insekten zu den schnellsten Läufern. Die Flügel sind teilweise reduziert, und die meisten Arten haben die Flugfähigkeit verloren. Schaben haben 2 lange, mehrgliedrige Fühler. Am Hinterleib besitzen sie 2 typische Anhänge, die sog. Cerci. Die Männchen tragen zwischen den Cerci noch 2 weitere Anhänge, die sog. Styli. Schaben machen eine sog. hemimetabole Entwicklung durch, d. h., die einzelnen Larvenstadien sehen dem erwachsenen Tier schon sehr ähnlich. Es gibt kein Puppenstadium, wo eine Metamorphose des Körperbaus durchgemacht wird. Weltweit sind rund 3.500 Schabenarten bekannt, wobei man die meisten Spezies in tropischen und subtropischen Gebieten findet. Die meisten Schaben leben in freier Natur und völlig unabhängig vom Menschen. Nur 1 % der Arten sind typische Schädlinge. In Mitteleuropa sind das vor allem die Deutsche Schabe (*Blattella germanica*) und die Gemeine Küchenschabe bzw. Orientalische Schabe (*Blatta orientalis*). Daneben treten in unseren Breiten noch die Amerikanische Schabe (*Periplaneta americana*) und die Braunbandschabe (*Supella longipalpa*) als Schädlinge auf.

Deutsche Schabe
Blattella germanica

Aussehen: 13–15 mm groß; gelbbraun gefärbt; die Weibchen sind in der Regel dunkler gefärbt als die Männchen; im Bereich des Halsschildes (Pronotum) befinden sich 2 dunkle Längsstreifen. Die Weibchen haben im Gegensatz zu den Männchen einen breiten und hinten abgerundeten Hinterleib; adulte Tiere haben relativ gut entwickelte Flügel, können aber nicht fliegen; bei den leichter gebauten Männchen kann man immer wieder einen Gleitflug beobachten;. das schlechte Flugvermögen kompensieren sie durch ihr gutes Laufvermögen; wie alle Schaben besitzt die Art 2 auffällig lange Fühler und einen abgeflachten Körper, der es ihr ermöglicht, auch in feine Ritzen zu kriechen.

5 mm

Biologie: Die deutsche Schabe ist generell nachtaktiv; tagsüber hält sie sich in Verstecken auf. Das gemeinsame Aufsuchen der Verstecke wird durch ein Aggregationspheromon, das mit dem Kot ausgeschieden wird, hervorgerufen. Nur bei entsprechend hohem Massenauftreten findet man auch tagaktive Tiere außerhalb der Verstecke. Die Tiere erreichen ein Alter von 100–200 Tagen. 1–2 Wochen nach der Paarung (Kopulation) kommt es zur Bildung von braunen, chitinhaltigen Eipaketen

(Ootheken), die im Durchschnitt etwa 36 Eier beinhalten und vom Weibchen rund 4 Wochen am Hinterleib getragen und mit Feuchtigkeit und Nährstoffen versorgt werden. In den Eipaketen sind die Eier gegen ungünstige Umweltbedingungen relativ gut geschützt und können sogar Temperaturen von – 22 °C überdauern. Auch gegen Insektizide sind die Eier in den Eipaketen gut geschützt. Die Weibchen stoßen die Eipakete kurz vor dem Schlüpfen der Larven in der Nähe einer Wasserquelle ab. Die Larven schlüpfen unmittelbar nach dem Abstoßen der Eipakete aus und erlangen innerhalb von 2–3 Monaten die Geschlechtsreife. Durch die kurze Entwicklungszeit kann sich die Art sehr erfolgreich und rasch in menschlichen Gebäuden ausbreiten.

Vorkommen: Die Deutsche Schabe liebt feucht-warme Umgebungsbedingungen. Die Vorzugstemperatur liegt bei 25–30 °C. Man findet sie in unseren Breiten sehr häufig in Gastronomie- und Hotelbetrieben, in Großküchen, Heimen, Krankenhäusern, Bäckereien, Zoos, Zoofachhandlungen und Gewächshäusern. Darüber hinaus findet man sie auch in privaten Häusern und Wohnungen. Eingeschleppt werden die Tiere meist über Lebensmitteltransporte, wo sie sich in den Verpackungen befinden. Von einem befallenen Gebäude (z. B. Gastronomiebetrieb) können die Tiere auch in Gebäude der näheren Umgebung einwandern.

Schadbild: Typische Vorrats-, Material- und Hygieneschädlinge. Als typischer Allesfresser ernährt sich die Deutsche Schabe von allerlei leicht aufschließbaren tierischen und pflanzlichen Nahrungsstoffen, wie Küchenabfälle, diverse Essensreste, aber auch Papier, Textilien und Leder. Befallene Nahrungsmittel werden durch Kot, Häutungsreste, Kropfinhalt und Sekreten aus den Speicheldrüsen verunreinigt, was ein großes Hygieneproblem und Gesundheitsrisiko darstellt. Die in den Verunreinigungen enthaltenen Substanzen können allergische Reaktionen hervorrufen. Die von den Schaben stammenden Allergene können auch Asthmasymptome hervorrufen. Durch die hohe Mobilität der Tiere werden, ausgehend von Abfall- und Fäkalienquellen, zahlreiche Krankheitskeime verschleppt. Im Kropf der Deutschen Schabe konnte die Vermehrung von Salmonellen nachgewiesen werden, die auch auf den Menschen übertragen werden können. Studien haben darüber hinaus gezeigt, dass die Deutsche Schabe als Überträger von Tuberkulose und Milzbrand sowie als Zwischenwirt von Fadenwürmern (Nematoden) fungiert. In Agrarbetrieben kann es durch Übertragung von Krankheitserregern durch die Schaben auf das Nutzvieh zu Produktionsverlusten hinsichtlich Milch- und Fleischertrag kommen. Befallene Nahrungsmittel haben einen unangenehmen Geruch und sind auf keinen Fall mehr für den menschlichen Verzehr geeignet. Eine rasche Entsorgung ist notwendig.

Vorbeugung: Auf ausreichende Sauberkeit besonders im Bereich der Küche achten. Vor allem sollten keine Speisen und Speisereste längere Zeit offen herumstehen. Bioabfälle regelmäßig aus dem Haus entfernen. Ritzen und Fugen an Wänden und Böden, die als Schlupfwinkel und Nistplatz dienen können, verschließen. Regelmäßige Befallskontrollen durchführen.

Bekämpfung: Bei einem nachgewiesenen Schabenbefall muss ein professionelles Schädlingsbekämpfungsunternehmen hinzugezogen werden. Zur Feststellung des Ausmaßes des Schabenbefalls werden mit Sexuallockstoffen versehene Klebefallen (Detektoren) eingesetzt. Die eigentliche Bekämpfung erfolgt dann durch die Ausbringung von Fraßködern bzw. durch das gezielte Versprühen von Kontaktinsektiziden. Oftmals erfolgt ein kombinierter Einsatz von Fraßködern und Kontaktinsektiziden. Eine wirksame Bekämpfung ist nur durch kontinuierlichen und gezielten Einsatz möglich. Eine Einmalaktion ist auf alle Fälle zum Scheitern verurteilt.

Gemeine Küchenschabe bzw. Orientalische Schabe
Blatta orientalis

Aussehen: Weibchen 22–30 mm groß; Männchen 21–25 mm groß; rot- bzw. dunkelbraun bis schwarz gefärbt; typisch abgeflachter Körper; Körperumriss eher rundlich; Flügel der Männchen bedeckt rund 2/3 des Hinterleibs, während bei den Weibchen nur noch winzige Flügelreste vorhanden sind; 2 lange, mehrgliedrige, fadenförmige Fühler.

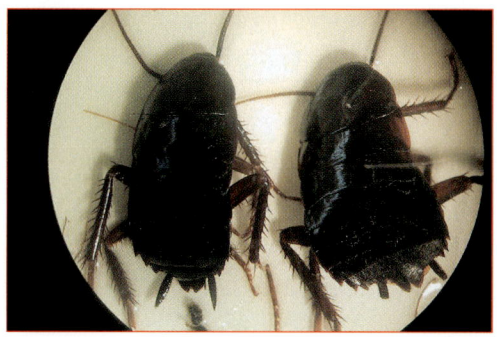

Biologie: Die Gemeine Küchenschabe bevorzugt feucht-warme Umgebungstemperaturen mit einem Vorzugstemperaturbereich von 20–29 °C und mindestens 60 % relativer Luftfeuchtigkeit. Unter optimalen Bedingungen pflanzt sich die Gemeine Küchenschabe das ganze Jahr hindurch fort. Die vom Weibchen gebildeten rotbraunen bis schwarzen Eikapseln (Oothek) enthalten rund 16 Eier und werden bis zu 5 Tage vom Weibchen getragen. Danach werden sie an einem warmen und geschützten Bereich abgelegt. Nach einer Entwicklungszeit von 42–81 Tagen schlüpfen die Junglarven, die sich bis zur Geschlechtsreife siebenmal häuten. Die Entwicklungszeit ist stark temperaturabhängig und dauert 4–18 Monate. Die adulten Tiere haben eine Lebenserwartung von 5–6 Monaten. Im Laufe seines Lebens produziert ein Weibchen rund 70–190 Eier. Die Art erreicht eine Laufgeschwindigkeit von 1,5 m/s (5,4 km/h) und ist somit eindeutiger Geschwindigkeitsrekordhalter unter den Insekten.

Vorkommen: Man nimmt an, dass die Gemeine Küchenschabe ursprünglich in den Tropen und Subtropen Südasiens beheimatet war und von dort ihre Verbreitung in die ganze Welt fand. Die Art ist heute über den ganzen Planeten, mit Ausnahme der Arktis und Antarktis, verbreitet. Man findet sie oft in Gastronomie- und Hotelbetrieben, in Großküchen, Heimen, Kantinen, Krankenhäusern, Bäckereien, Zoos, Zoofachhandlungen, Gewächshäusern und öffentlichen Toiletten.

Schadbild: siehe Deutsche Schabe.

Vorbeugung: siehe Deutsche Schabe.

Bekämpfung: siehe Deutsche Schabe.

Dörrobstmotte
Plodia interpunctella

Aussehen: 4–10 mm groß; Flügelspannweite 13–20 mm; Vorderflügel an der Spitze kupferrot, der übrige Teil hellgrau bis graugelb gefärbt; die Hinterflügel sind hellgrau bis graugelb gefärbt; die Färbung der Larven (Raupen) ist von der Ernährung abhängig und kann weißlich, grünlich oder rötlich sein; 2 mehrgliedrige, fadenförmige Fühler.

Biologie: Nach der Kopulation legt das Weibchen zwischen 200 und 400 Eier auf einem geeigneten Nährsubstrat ab. Aus den Eiern schlüpfen unterschiedlich gefärbte Raupen, die in der Regel 5, manchmal auch 7 Larvalstadien durchmachen. In dieser Zeit erfolgt eine intensive Fressphase, wo die Raupen ausreichend Nährstoffe und Energie aufnehmen. Die Larven ernähren sich von Dörrobst, Hülsenfrüchten, Getreideprodukten, Schokolade, Nüssen, Gewürzen, Tee, Kaffee, Müsli, Studentenfutter etc. Die Nahrung wird dabei mit einem dichten Gespinst überzogen. Im Anschluss an die Fressphase erfolgt eine 3- bis 10-tägige Wanderphase, an deren Ende die Larve einen geschützten Ort außerhalb der Nahrungsvorräte aufsucht und sich dort verpuppt. Unter optimalen Temperaturbedingungen, wie sie in beheizten Wohnungen vorliegen, schlüpft der Schmetterling schon nach 2 Wochen. In unbeheizten Räumen, wie z. B. in Getreidesilos, kann eine mehrmonatige Unterbrechung der Entwicklung (Diapause) erfolgen. Unter günstigen Bedingungen haben die Motten mehr als 3 Generationen pro Jahr. Unter weniger günstigen Bedingungen sind es nur 2–3 Generationen pro Jahr. Die adulten Tiere leben rund 2 Wochen.

Vorkommen: Dörrobstmotten kommen in Getreidespeichern, Supermärkten, Lagerhäusern, Silos, Müllereibetrieben, Bäckereien sowie in Vorratskammern und -schränken von Wohnungen und Häusern vor.

Schadbild: Typischer Vorrats- und Hygieneschädling. Die Schäden kommen durch den Raupenfraß und durch Verunreinigung der Lebensmittel mit Kot, Häutungsprodukten und Spinnfäden zustande.

Vorbeugung: Vorratsschränke und -räume regelmäßig nach Gespinsten absuchen. Fliegengaze an den Fenstern anbringen, um ein Zufliegen von Insekten zu verhindern. Beim abendlichen Lüften kein Licht einschalten. Schränke geschlossen halten. Nahrung in dicht verschließbaren Gefäßen lagern.

Bekämpfung: Verunreinigte Nahrung ist nicht mehr für den Verzehr geeignet und muss entsorgt werden. Vorratsschränke und -kammern gründlich reinigen. Unzugängliche Ecken und Ritzen mit einem Fön erhitzen. Nahrungsmittel, die augenscheinlich nicht befallen wurden, zur Sicherheit eine Woche lang tiefkühlen

oder rund 1/2 Stunde im Backrohr auf 60–80 °C erhitzen. Danach in gut verschließbare Gefäße (Dosen, Glasbehälter) geben. Klebefallen, die ein Sexualpheromon enthalten, dienen zur Befallskontrolle und zur Befallsminderung. Angelockte Männchen bleiben auf diesen Klebefallen hängen. Weiters werden Kontaktinsektizide zur Bekämpfung eingesetzt. Oft kommt es nach Bekämpfungsereignissen zu einem Neubefall, da man nicht alle Individuen (vor allem Puppenstadien) erwischt hat. Bei besonders hartnäckigem Befall ist eine biologische Bekämpfung mit der Schlupfwespe *Trichogramma evanescens* oder der Mehlmottenschlupfwespe *Habrobracon hebetor* zu empfehlen.

Stubenfliege
Musca domestica

Aussehen: 5–8 mm groß; Vorderleib grau gefärbt mit vier Querstreifen auf der Rückenseite; Hinterleib oberseits grau und auf der Unterseite gelb; Körper komplett mit Haaren bedeckt; am Kopf befinden sich 2 große, rote Facettenaugen; Stubenfliegen besitzen 1 Flügelpaar, das 2. ist zu sog. Schwingkölbchen (Halteren) reduziert, die zur Stabilisierung des Fluges dienen.

Biologie: Die Weibchen legen ihre Eier gerne an Müll, Kompost, faulenden Nahrungsmitteln (Biomüll) und strohigem Dung ab. Nach einer Embryonalentwicklung von rund 12–25 Stunden schlüpfen weiße, kopf- und fußlose Maden. Durch Körperkrümmungen können sich die Larven am Nahrungssubstrat ziemlich unbeholfen fortbewegen. Sie ernähren sich von den fauligen Nahrungsstoffen. Während dieser Zeit wachsen sie und häuten sich zweimal, bevor sie sich verpuppen. Die Puppenstadien werden aufgrund ihrer Form auch als Tönnchenpuppen bezeichnet. Die Dauer der Metamorphose während der Puppenphase ist temperaturabhängig und dauert 3–8 Tage. Beim Schlüpfen aus der Tönnchenpuppe sprengt die Fliege den Tönnchendeckel mit Hilfe einer Blase an der Bogennaht ihres Kopfes auf. Die adulten Fliegen sind bereits 3 Tage nach dem Schlüpfen paarungsbereit. Stubenfliegen sind sehr gute und schnelle Flieger. Ihre Fluggeschwindigkeit beträgt 2 m/s (7,2 km/h), wobei sie rund 200 mal pro Sekunde mit ihren Flügeln schlagen.

Vorkommen: Man findet die Stubenfliege überall auf der Welt, mit Ausnahme von Wüsten, polaren und hochalpinen Regionen. In ihren Lebensräumen findet man sie vor allem in Häusern, Wohnungen, Stallungen und Abfallansammlungen.

Schadbild: Typischer Lästling und Hygieneschädling. Stubenfliegen sind dem Menschen durch das Herumkrabbeln an menschlichen Körperstellen, das Umherfliegen und den Summton lästig. Durch die Eiablage und den Larvenfraß können sie Nahrungsmittel verderben. Als Krankheitsüberträger werden sie zu Hygieneschädlingen. So gibt es Hinweise, dass Stubenfliegen zur Übertragung des Bakteriums *Helicobacter pylori*, das Magengeschwüre verursachen kann, beitragen. Darüber hinaus geht man davon aus, dass Stubenfliegen auch eine Reihe anderer Infektionskrankheiten übertragen können, obwohl ihre Rolle als Krankheitsüberträger wahrscheinlich oftmals überschätzt wird.

Vorbeugung: Biomüllabfall regelmäßig und rasch entsorgen. Katzenklos regelmäßig reinigen. Verderbliche Lebensmittel nicht offen stehen lassen. Potentielle Brutstätten, wie Misthaufen und Kompost, entfernt vom Haus anlegen. Verhinderung des Zuflugs durch Anbringung von Insektenschutzgittern an den Fenstern und Balkontüren.

Bekämpfung: Einzelne Fliegen können mit der altbewährten Fliegenklatsche getötet werden. Mit Fliegenstrips (Leimbandfliegenfänger), Fliegenfallen, Insektensprays und UV-Lampen können Stubenfliegen erfolgreich bekämpft werden. In Restaurants, Hotels und Lebensmittel verarbeitenden Betrieben ist es aus ästhetischen Gründen empfehlenswert, UV-Lampen den Fliegenstrips vorzuziehen.

Tau- bzw. Fruchtfliege
Drosophila sp.

Aussehen: 1–6 mm lang; gelbbraun gefärbt, mit schwarzen Hinterleibsringen; am Kopf befinden sich rote Facettenaugen; wie alle Zweiflügler (Dipteren) besitzen sie 1 Flügelpaar, das 2. ist zu Schwingkölbchen reduziert worden.

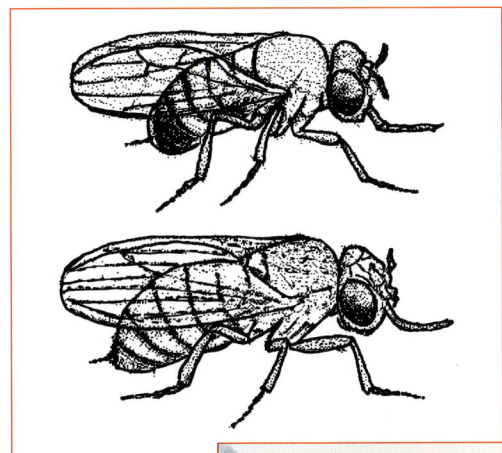

teste Art ist und auch ein sehr gut untersuchter Modellorganismus in der Genetik und Entwicklungsbiologie.

Schadbild: Typischer Lästling und Vorratsschädling. Befallene Nahrungsmittel wirken durch die Maden ekelerregend. Adulte Tiere sind Überträger von Fäulniserregern und durch das Umherfliegen im Bereich von Nahrung, wie z. B. in befüllten Weingläsern, in denen sie sich auch immer wieder verfangen, sehr lästig. Vermutungen, wonach die Taufliege auch Krankheitserreger überträgt, konnten bisher nicht bestätigt werden.

Biologie: Taufliegen führen vor der Paarung eine Balz durch. Nach erfolgreicher Balz kommt es zur Paarung. Die Weibchen legen bis zu 400 Ei-

Schadbild

er an gärendes Substrat ab, von dem sich die ausschlüpfenden Larven (Maden) schließlich ernähren. Die Larvalentwicklung beinhaltet 3 Larvenstadien. Das letzte Larvenstadium verpuppt sich und bildet eine Tönnchenpuppe, die auch überwintern kann. Die Entwicklung vom Ei bis zur adulten Fliege dauert rund 2 Wochen. Taufliegen haben mehrere Generationen pro Jahr.

Vorkommen: Die Kulturfolger aus der Familie der Taufliegen findet man in der Nähe oder in menschlichen Behausungen, wo sie gärendes Nahrungssubstrat, wie Früchte, Fruchtsäfte, Wein, Bier, Essig, Obst, Küchenabfälle und Kompost, finden. Typische Kulturfolger sind z. B. *Drosophila melanogaster, D. funebris, D. simulans, D. immigrans, D. busckii, D. hydei* und *D. replata*, wobei *D. melanogaster* die bekann-

Vorbeugung: Lebensmittel in gut verschließbaren Gefäßen aufbewaren. Der Deckel von Biomülltonnen sollte stets geschlossen werden. Biomülltonnen regelmäßig entleeren und reinigen. Zubereitetes Obst und Gemüse in gut verschließbare Gefäße geben. Wein in Flaschen, Dekantern oder Weingläsern nicht offen stehen lassen. Fliegengitter an Fenstern und Balkontüren verhindern den Zuflug.

Bekämpfung: siehe Stubenfliege

Getreideplattkäfer
Oryzaephilus surinamensis

Aussehen: 2–3 mm groß; Körper länglich und graubraun gefärbt; Brustbereich (Thorax) oberseits mit 3 deutlichen Längsrippen; auf jeder Halsschildseite entspringen 6 vorspringende, spitze Zähnchen;. Flügeldecken (Elytren) mit Längsreihen aus Punkten versehen; die Elytren bedecken den ganzen Hinterleib; 11-gliedrige Fühler (Antennen) enden mit einer 3-gliedrigen Endkeule; die Larven erreichen eine Länge bis 5 mm und sind weiß bis schwach gelblich gefärbt; die Larvenkörper sind mit feinen, langen Haaren besetzt.

Biologie: Die Weibchen legen bei einer Umgebungstemperatur von 22–26 °C täglich bis zu 10 Eier (insgesamt bis zu 500 Eier pro Weibchen) in ein geeignetes Brutsubstrat, wie z. B. Mehl, ab. Der optimale Temperaturbereich, die der Käfer für seine Entwicklung braucht, liegt zwischen 18 und 37 °C. Unter optimalen Bedingungen dauert die Entwicklung vom Ei bis zum adulten Käfer 20–25 Tage. Aufgrund des kurzen Entwicklungszyklus neigt die Art bei optimalen Bedingungen zur Massenvermehrung. Die Käfer sind sehr kälteempfindlich. Ihre Lebensdauer beträgt 3 Jahre.

Vorkommen: Die Art ist ein Kosmopolit und nahezu über die ganze Welt verbreitet. Als Kulturfolger findet man sie hauptsächlich im Bereich menschlicher Lagerhäuser, Vorratskammern und -schränke.

Schadbild: Typischer Vorrats- und Hygiene-

schädling. Sowohl die Käfer als auch die Larven ernähren sich von kohlehydratreichen Produkten, wie Getreide, Nüssen, Müsli, Keksen etc. Darüber hinaus befallen sie auch ölreiche Samen, Rosinen und Backobst. Befallene Nahrung ist durch Kot, Häutungsprodukte und Mehlstaub verunreinigt. Bei Massenvermehrung bilden sich sog. Nester. Durch die Stoffwechseltätigkeit der Tiere steigt die Feuchtigkeit und es kann zu einem sekundären Pilzbefall kommen. Dadurch können wiederum weitere Folgeschädlinge auftreten.

Vorbeugung: Regelmäßig auf Befall kontrollieren; Lebensmittel kühl, trocken und in gut verschließbaren Gefäßen lagern.

Bekämpfung: Befallene Lebensmittel müssen entsorgt werden. Um sicherzustellen, dass alle Entwicklungsstadien abgetötet werden, sollten Lebensmittel für mehrere Tage tiefgefroren oder für einige Stunden bei mindestens 50 °C wärmebehandelt werden. Vorratsschränke und -kammern gründlich reinigen. Nach dem Reinigen gut trocknen lassen. Ritzen und Fugen gründlich aussaugen. Direkte Bekämpfung auch mit Kontaktinsektiziden und Diatomeenerde möglich. Eine Kontamination der Lebensmittel mit diesen Präparaten ist unbedingt zu vermeiden.

Kornkäfer
Sitophilus granarius

Aussehen: 5,1 mm groß; braun bis schwarz gefärbt; Kopf vorne rüsselförmig verlängert; am Ende dieses Rüssels befinden sich die Mundwerkzeuge; die Fühler sind geknickt und entspringen der Basis des Rüssels; die Käfer gehören aufgrund des rüsselförmig verlängerten Kopfes zur Familie der Rüsselkäfer (*Curculionidae*); Kopf und Halsschild sind von narbenförmigen Punkten besetzt; die Flügeldecken bedecken den ganzen Hinterleib und sind miteinander verwachsen; auf ihnen verlaufen punktierte Längsstreifen; die Käfer sind flugunfähig; die Larven werden rund 2,3 mm groß und sind weiß gefärbt; die Kopfkapsel ist braun;. sie sind beinlos und haben eine spindelförmige, bauchwärts gekrümmte Gestalt; die Körperoberfläche der Larven erscheint runzelig.

Biologie: Das Weibchen frisst zur Eiablage zunächst ein Loch in die Samenschale eines Getreidekorns. In dieses Loch legt es ein Ei hinein und verschließt es anschließend mit einem Sekretpfropfen. Jedes Weibchen legt zwischen 200–300 Eier ab. Die Entwicklung vom Ei bis zum Puppenstadium findet vollständig im Getreidekorn statt, das vollständig ausgefressen wird. Bei einer Temperatur von 27 °C dauert die Entwicklung vom Ei bis zum Käfer zwischen 29 und 34 Tagen. Die Kornfeuchte muss mindestens 9 % sein, ansonsten kann keine Vermehrung mehr

stattfinden. In beheizten Räumen sind 3–4 Generationen pro Jahr möglich. Die Lebenserwartung der Kornkäfer beträgt etwa 2 Jahre.

Vorkommen: Wurde bereits in vorchristlicher Zeit aus Mesopotamien nach Europa eingeschleppt. Der Käfer ist heute ein weitverbreiteter Getreideschädling in Europa. Man findet die Art in menschlichen Lagerräumen an Körnern von Roggen, Weizen, Hafer, Gerste, Reis, Eicheln, Buchweizen, Mehl, Teigwaren, Kleie und Schrot.

Schadbild: Typischer Vorratsschädling. Käfer und Larven verursachen Fraßschäden an den Vorratsgütern. Die Larven höhlen die Körner von innen aus, während der Käfer von außen frisst. Befallene Lebensmittel sind mit Häutungsprodukten und Kot verunreinigt und sollten entsorgt werden. Ein Sekundärbefall der Vorratsgüter durch Schimmelpilz und Milben ist möglich.

Vorbeugung: Vorratskammern und -schränke sowie Lagerräume regelmäßig auf Befall kontrollieren. Lebensmittel, die augenscheinlich nicht befallen sind, vorbeugend mehrere Tage bei –18 °C tiefkühlen oder für 30 Minuten auf 60 °C wärmebehandeln. Lebensmittel in gut verschließbare Gefäße geben.

Bekämpfung: Befallene Lebensmittel entsorgen und Lagerräume gründlich reinigen. Ritzen und Fugen sollten ausgesaugt werden. Nach der Reinigung Ritzen und Fugen am besten mit einem Fön trocknen. Direkte Bekämpfung auch mit Kontaktinsektiziden möglich. Unzugängliche Stellen am besten mit Borax oder Diatomeenerde einstäuben.

Reiskäfer
Sitophilus oryzae

Aussehen: 3–3,5 mm groß; bräunlich gefärbt mit 4 hellen rötlichen Flecken auf den Flügeldecken (Elytren); Körperform länglich-oval; Kopf vorne rüsselförmig verlängert; Fühler geknickt und inserieren an der Rüsselbasis.

1 mm

Schadbild

Biologie: Die Weibchen legen ihre Eier in Getreidekörnern ab. Sie fressen dazu zunächst ein Loch in das Korn und legen dann ein Ei hinein. Anschließend wird das Loch mit einem Sekretpfropfen wieder verschlossen. Ein einziges Weibchen kann 100–200 Eier ablegen. Ab einer Temperatur von 13 °C vermehrt sich die Art relativ stark, und ab einem Temperaturbereich von 20–25 °C kommt es zu einer Massenvermehrung. Wie bei ihrem nächsten Verwandten, dem Kornkäfer, entwickeln sich auch die Larven des Reiskäfers im Inneren des Getreidekorns und höhlen dieses im Laufe der Larvalentwicklung vollständig aus. Die Embryo-

nalentwicklung dauert in der Regel 3 Tage. Das Larvenstadium dauert rund 16 Tage, danach kommt es zur Verpuppung. Die adulten Käfer fressen sich dann nach außen durch die Kornschale durch und verlassen somit ihre Kinderstube. In beheizten Räumen können 3–4 Generationen pro Jahr hervorgehen. Die Käfer sind flugfähig und relativ kälteempfindlich. Bei einer Temperatur von 0 °C sterben sie rasch ab.

Vorkommen: Man findet den Reiskäfer in Lagerräumen von Getreide und in Lebensmittel verarbeitenden Betrieben. Von solchen Befallsquellen gelangen die Käfer mit den Lebensmittelprodukten auch in die Privathaushalte.

Schadbild und Vorbeugung: ähnlich wie beim Kornkäfer

Bekämpfung: siehe Kornkäfer

Eine ähnliche Art ist der Maiskäfer (*Sitophilus zeamais*), der in den Subtropen und Tropen bereits auf den Feldern Maispflanzen befällt. Larven entwickeln sich innerhalb von Maiskörnern. Er wurde mit Importware bei uns eingeschleppt.

Getreidekapuziner
Rhizopertha dominica

Aussehen: 3–4 mm groß; rotbraun bis dunkelbraun gefärbt; Körper zylindrisch; Halsschild am Vorderrand mit zahnartigen Strukturen und kapuzenartig über den Kopf gezogen; hinter dem Halsschild starke Einschnürung; Flügeldecken (Elytren) bedecken den ganzen Hinterleib; sie weisen dichte Punktstreifen und eine schwache Behaarung auf; mehrgliedrige

Fühler enden in einer 3-gliedrigen, stark vergrößerten Endkeule, die länger als der übrige Teil der Antenne ist; die sehr mobile Larve ist langgestreckt, weist 3 Beinpaare und 1 Paar Nachschieber am letzten Hinterleibssegment auf; die Kopfkapsel ist hellbraun gefärbt; ab dem 2. Larvenstadium sind die Larven engerlingsförmig und weniger mobil.

0.50 mm

Biologie: Ein Weibchen legt bis zu 500 Eier an Getreidekörnern ab. Die ausgeschlüpften Larven bohren sich in die Getreidekörner ein. Die Entwicklungsdauer ist abhängig von den Umweltbedingungen (Temperatur, Nahrungsangebot) und dauert 4 Wochen bis 6 Monate. Eine Überwinterung ist möglich, wenn die Temperatur mehr als 10 °C beträgt. Die Verpuppung findet innerhalb des ausgehöhlten Getreidekorns statt. Kurz vor der Verpuppung erreicht die Larve eine Länge von rund 5 mm.

Vorkommen: Ursprünglich aus Südostasien; heute durch den internationalen Warenverkehr weltweit verbreitet. Man findet die Käfer auf Getreideprodukten, Back- und Teigwaren, Reis, Hirse, Hülsenfrüchten, Zwieback, Kürbis-, Sonnenblumen- und Marillenkernen.

Schadbild: Typischer Vorrats- und Materialschädling. Die Käfer schädigen in erster Linie durch Bohrtätigkeit an Verpackungsmaterial, wie Kunststofffolie, Metallfolie, Pappe und sogar dickerem Kunststoffmaterial. Aufgrund von diesem Verhalten werden die Käfer zur Familie der Bohrkäfer gezählt. Obwohl auch die adulten Käfer an den Lebensmittelvorräten Fraßschäden verursachen, wird der hauptsächliche Fraßschaden durch die Larven verursacht. Einen Befall erkennt man am herausrieselnden, weißen Bohrmehl und einem honigartigen Geruch. Befallene Vorräte sind mit Kot, Häutungsprodukten und Mehlstaub durchsetzt.

Vorbeugung: Vorratskammern und -schränke regelmäßig auf Befall kontrollieren. Lebensmittelvorräte in gut verschließbaren Behältern aufbewahren.

Bekämpfung: In Silos und Lagerhallen empfiehlt sich eine Begasung mit Kohlendioxid, Stickstoff, Phosphorwasserstoff oder Sulfuryldifluorid. Befallene Lebensmittel sind zu entsorgen. Augenscheinlich nicht befallene Nahrungsvorräte sollten für mindestens einen Tag bei −18 °C tiefgekühlt werden, damit alle Entwicklungsstadien mit Sicherheit abgetötet werden. Direkte Bekämpfung auch mit Kontaktinsektiziden (Wirkstoff: Pyrethrum) möglich. Eine Kontamination der Lebensmittel mit diesen Insektiziden ist unter allen Umständen zu vermeiden. Eine biologische Bekämpfung ist mit der Lagererzwespe (*Lariophagus distinguendus*) möglich. Die aufgespürte Larve wird durch einen gezielten Stich der Lagererzwespe paralysiert. Neben der gelähmten Larve legt die Erzwespe ein Ei, aus dem nach 2 bis 3 Tagen die Erzwespenlarve schlüpft. Diese verzehrt die gelähmte Schädlingslarve.

Speisebohnenkäfer
Acanthoscelides obtectus

Aussehen: 2,5–4 mm groß; gelbgrün bis bräunlich gefärbt; Hinterleibsende mit gelbroter Behaarung; Beine rotbraun gefärbt; Körpergestalt längsoval; Körpervorderende im Vergleich zum Hinterende etwas zugespitzt; Flügeldecken bedecken den Hinterleib nicht vollständig und weisen dunkle Längs- und Querbinden auf; junge Larven besitzen gut entwickelte Beine und sind langgestreckt; spätere Larvenstadien sind bis zu 4 mm lang, haben zurückgebildete Beine und sind engerlingsförmig gekrümmt.

Biologie: Ein Weibchen frisst einen Spalt in die Hülsennaht von Bohnen und legt 50–100 Eier einzeln oder in Gruppen hinein. Die ausschlüpfenden Larven dringen in die Bohne ein. In großen Bohnen können sich bis zu 20 Larven entwickeln. Die Entwicklungsdauer ist temperaturabhängig und dauert zwischen 4 Wochen (bei 30 °C) und 3 Monate (bei ca. 20 °C). Bei Temperaturen unter 12 °C kommt die Entwicklung zum Stillstand. Die Verpuppung findet im Inneren der Bohnenhülle statt. Der frisch geschlüpfte Jungkäfer frisst sich durch ein vorher angelegtes Fenster ins Freie. Die Käfer haben ein gutes Flugvermögen und suchen ab einer Temperatur von ca. 21 °C ein geeignetes Brutsubstrat auf.

Vorkommen: Ursprünglich aus Amerika; heute durch den internationalen Warenverkehr weltweit verbreitet. Man findet den Käfer auf verschiedenen Hülsenfrüchten, wie Busch- und Stangenbohnen, Sojabohnen, Erbsen, Kichererbsen und Saatwicken.

Schadbild: Typischer Vorrats- und Materialschädling. Befallene Vorräte weisen eindeutige Fraßspuren auf. Die Nahrungsvorräte werden durch Kotpartikel und Häutungsprodukte verunreinigt.

Vorbeugung: Vorratskammern und -schränke regelmäßig auf Befall kontrollieren. Hülsenfrüchte in gut verschließbaren Gefäßen aufbewahren.

Bekämpfung: Befallene Nahrungsvorräte müssen entsorgt werden. Danach Vorratsschränke und -kammern gründlich reinigen. Ecken, Fugen und Ritzen mit heißer Fönluft gut durchblasen. Augenscheinlich nicht befallene Lebensmittel können eine Woche lang bei –18 °C tiefgekühlt oder für ca. 30 Minuten im Backrohr auf 60 °C erhitzt werden. Direkte Bekämpfung mit Kontaktinsektiziden (Wirkstoff: Pyrethrum) oder Diatomeenerde möglich. Eine Kontamination der Lebensmittel mit den Insektiziden ist unter allen Umständen zu vermeiden. Biologische Bekämpfung mit der Lagererzwespe (*Lariophagus distinguendus*) empfehlenswert.

Messingkäfer
Niptus hololeucus

Aussehen: 2,6–4,6 mm groß; goldbraun gefärbt; Körper kugelförmig und von spinnenähnlicher Gestalt; Halsschild mit zahlreichen Runzeln; verschmälert sich nach hinten; Flügeldecken (Elytren) mit dichten messinggelben Haaren bedeckt; die mehrgliedrigen Fühler sind relativ lang und ohne Endkeule; Larven werden bis zu 7 mm lang, sind weiß bis gelblich gefärbt und weisen eine rotbraune Behaarung auf.

Biologie: Ein Weibchen legt bis zu 100 Eier an einem geeigneten Brutsubstrat ab. Auf der Suche nach diesem legt ein Weibchen oft weite Strecken zurück. Die Entwicklungsdauer ist abhängig von der Temperatur, der relativen Luftfeuchtigkeit und vom Nahrungsangebot und dauert zwischen 2,5–4 Monate. Die Verpuppung erfolgt in einem mit Nahrungspartikeln durchsetzten Kokon, den die Larve aus Spinnfäden herstellt. Die Käfer sind flugunfähig und nachtaktiv.

Vorkommen: Man findet die Käfer in Mühlen, Bäckereien, Museen, Lagerräumen, Häusern und Wohnungen, wo sie sich vor allem im Füllmaterial von Zwischendecken massenhaft vermehren können.

Schadbild: Typischer Vorrats- und Materialschädling. Sowohl die Käfer als auch die Larven ernähren sich mit unterschiedlichem pflanzlichen und tierischen Material, wie Stroh, getrocknetem Pflanzenmaterial, Getreideprodukten, getrockneten Früchten, Backwaren, Tabak und Federn. Befallene Vorräte sind durch Kot, Häutungsprodukte und Spinnfäden verunreinigt.

Vorbeugung: Vorratskammer und -schränke sowie Zwischendeckenfüllungen auf Befall hin kontrollieren. Bei Zwischendeckenfüllungen auf eine gute Isolierung achten. Beim abendlichen Lüften kein Licht einschalten, damit es die Käfer nicht anlockt. Vorräte in gut verschließbaren Gefäßen aufbewahren.

Bekämpfung: Direkte Bekämpfung mit Kontaktinsektiziden (Wirkstoffbasis: Pyrethrum) möglich. Eine Kontamination von Nahrungsmittelvorräten mit dem Insektizid ist unter allen Umständen zu vermeiden. Ist diese Bekämpfung nicht ausreichend, sollte das Gebäude mit Kohlendioxid, Stickstoff, Phosphorwasserstoff oder Sulfuryldifluorid begast werden. Eine biologische Bekämpfung mit der Lagererzwespe (*Lariophagus distinguendus*) zeigt gute Erfolge.

Tabakkäfer
Lasioderma serricorne

Aussehen: 2–4 mm groß; rotbraun bis gelbbraun gefärbt; Körper von ovaler Gestalt; Kopf wird meist eingezogen und vom Halsschild kapuzenförmig überdeckt; Flügeldecken (Elytren) bedecken den ganzen Hinterleib und sind unregelmäßig punktiert; der ganze Körper ist mit kurzen grauen Haaren bedeckt; mehrgliedrige Fühler (Antennen) sind nach innen gesägt; Larven sind bis zu 5 mm lang, weiß bis gelblich gefärbt und braun behaart; die Kopfkapsel ist hellbraun gefärbt; durch ihre bauchwärtige Krümmung weisen sie eine engerlingsförmige Gestalt auf.

Biologie: Ein Weibchen legt bis zu 100 Eier einzeln oder in Gruppen an einem geeigneten Brutsubstrat ab. Die ausgeschlüpften Larven bohren sich in das Nahrungssubstrat ein und legen Fraßgänge an. Die Larven verpuppen sich innerhalb des Nahrungssubstrats in einer Puppenwiege, deren Wand aus zusammengeklebten Substratteilchen und Kotpartikeln besteht. Die Entwicklungsdauer ist stark temperatur- und nahrungsabhängig. Bei 25 °C dauert die Entwicklung vom Ei bis zum Jungkäfer 2 Monate; unter weniger günstigen Bedingungen kann sich die Entwicklungszeit verdoppeln. Durch den relativ kurzen Entwicklungszyklus in beheizten Räumen können 3–5 Generationen pro Jahr hervorgehen. Die Käfer sind gute Flieger.

Vorkommen: Der Tabakkäfer ist weltweit verbreitet. Man findet ihn in Häusern, Wohnungen, Apotheken, Drogerien und Lagerräumen, wo er sich von Tabak, Tabakprodukten, Arznei- und Gewürzpflanzen, Reis, trockenem Brot, Suppenwürfeln, Feigen, Datteln, Dörrobst, Kakao, Fleisch- und Milchprodukten, Erdnüssen und Käse ernährt.

Schadbild: Typischer Vorratsschädling. Befallene Vorräte sind zerfressen, durchlöchert und durch Kot und Häutungsprodukte verunreinigt. Von den Käfern können auch Verpackungsmaterialien geschädigt werden.

Vorbeugung: Vorratskammern und -schränke regelmäßig auf Befall kontrollieren. Vorräte in gut verschließbaren Gefäßen aufbewahren und kühl und trocken lagern. Temperatur und Luftfeuchtigkeit in Vorratskammern und -schränken durch regelmäßiges Querlüften senken. Zur Befallskontrolle können UV- und Pheromonfallen eingesetzt werden.

Bekämpfung: Befallene Vorräte können mit Stickstoff oder Phosphorwasserstoff begast werden. Im Haushalt müssen befallene Vorräte rasch entsorgt werden. Augenscheinlich nicht befallene Ware kann 3 Tage bei −18 °C tiefgekühlt werden oder sollte für mindestens 1 Stunde auf 60 °C im Backrohr erhitzt werden. Ritzen und Fugen zwischen Dielen und hinter Fußbodenleisten kann man mit Diatomeenerde oder Boraxpulver einstäuben. Direkte Bekämpfung mit Kontaktinsektiziden (Wirkstoff: Pyrethrum) möglich. Eine Kontamination der Nahrungsmittel mit dem Insektizid ist unter allen Umständen zu vermeiden. Eine biologische Bekämpfung mit der Lagererzwespe (*Lariophagus distinguendus*) zeigt gute Erfolge.

Mehlmotte
Ephestia kuehniella

Aussehen: 10–14 mm groß; Flügelspannweite 22–28 mm; Vorderflügel blau- bis silbriggrau gefärbt und mit 2 Zickzacklinien und einer Reihe dunkler Punkte am Flügelsaum versehen; Hinterflügel einfarbig hellgrau; Larven (Raupen) 10–20 mm lang; rötlich, grünlich oder gelblich gefärbt mit brauner Kopfkapsel und braunem Nacken- und Afterschild.

10 mm

Biologie: Ein Weibchen legt bis zu 200 Eier im Brutsubstrat ab. Bei einer Temperatur von 20 °C schlüpfen die Larven nach ungefähr 6 Tagen. Sie sitzen gerne in Gespinströhrchen und häuten sich während der Wachstumsphase sechsmal, bevor sie sich außerhalb der Nahrungsvorräte in Verstecken verpuppen. Aus den Puppen, die aus einem dicht gesponnenen Kokon bestehen und eine Größe von 10 mm erreichen, schlüpfen nach 2–3 Wochen die adulten Schmetterlinge. In Mitteleuropa gehen in der Regel 2–3 Generationen pro Jahr hervor, unter optimalen Bedingungen können es auch bis zu 4 Generationen pro Jahr sein.

Vorkommen: Ursprünglich stammt die Art wahrscheinlich aus Mittelamerika. Durch den Getreidehandel wurde sie weltweit verbreitet. Man findet sie auf Getreidekörnern, Mehlprodukten, Teig- und Backwaren, Nüssen, Man-deln, Samen, Hülsenfrüchten, Schokolade, Kakao, Marzipan und Dörrobst.

Schadbild: Typischer Vorrats- und Hygieneschädling. Bei Befall findet man die Raupen in ihren Gespinsten gut sichtbar in den Vorratsschränken und -kammern. Durch die Stoffwechselprodukte und den Kot der Raupen kommt es zu einer Erhöhung der Feuchtigkeit, was zur Bildung von Schimmelpilznestern führen kann. Wenn man die Mehlmotte einmal im Vorratsschrank hat, werden binnen kürzester Zeit sämtliche Nahrungsmittel kontaminiert.

Vorbeugung: Vorratsschränke und -kammern regelmäßig auf Befall kontrollieren; Nahrungsmittel in gut verschließbare Gefäße geben und kühl und trocken lagern. Nur so viele Lebensmittel in Vorratskammern lagern, wie vor Ablauf des Haltbarkeitsdatums auch konsumiert werden können.

Bekämpfung: Befallene Lebensmittel sofort entsorgen. Vorratsschränke und -kammern am besten mit Essigwasser reinigen. Ritzen und Fugen, die als Verstecke dienen können, gründlich mit einem Fön durchpusten. Die Hitze tötet eventuell vorhandene Eier und Raupen ab. Bleiben überlebende Stadien (z. B. Puppen) über, ist jederzeit ein Neubefall möglich. Augenscheinlich nicht sichtbar befallene Lebensmittelvorräte am besten eine Woche lang bei −18 °C tiefkühlen oder für ca. 30 Minuten im Backrohr auf 60 °C erhitzen. Durch Ausbringung von Pheromonfallen, die in Drogeriemärkten erhältlich sind, werden Männchen angelockt, die dann auf den Klebestreifen haften bleiben. Einzelne Falter können zusätzlich mit der Fliegenklatsche getötet werden. An unzugänglichen Stellen, wie z. B. unterhalb von Einbauküchen, kann man eine hauchdünne Schicht von Diatomeenerde oder Borax ausbringen, um Raupen abzutöten. Bei hartnäckigem Befall sollten parasitoide Schlupfwespen wie die Mehlmottenschlupwespe (*Habrobracon hebetor*) oder *Trichogramma evanescens* zum Einsatz kommen. *Habrobracon hebetor* ist ein Larvalparasitoid, d. h., die Eier werden in die Raupen der Mehlmotte gelegt. Innerhalb des Raupenkörpers entwickeln sich die eigenen Larven. *Trichogramma evanescens* ist hingegen ein Eiparasitoid, d. h., die Schlupfwespe legt ihre Eier in die Eier von Kleinschmetterlingen ab.

▌ Rotbrauner Reismehlkäfer
▌ *Tribolium castaneum*

Aussehen: 2,5–4 mm groß; hellrot-braun gefärbt; die Käfer haben eine schmale, längliche Körperform; die Flügeldecken (Elytren) sind mit Längsleisten und feinen Punktreihen versehen; sie bedecken den ganzen Hinterleib; die mehrgliedrigen Fühler enden in einer deutlich abgesetzten 3-gliedrigen Endkeule; die Larven erreichen eine Körperlänge von bis zu 8 mm und sind gelb oder gelbbraun gefärbt mit einer dunkel gefärbten Kopfkapsel; die Körperoberfläche der Larven ist mit kurzen gelben Haaren versehen; sie besitzen 3 Laufbeinpaare sowie 2 Nachschieber am 9. Hinterleibssegment.

Biologie: Die Weibchen legen täglich mehrere Eier im Brutsubstrat ab. Insgesamt legt ein Weibchen bis zu 1.000 Eier ab. Die Eier sind von einem klebrigen Sekret überzogen und sind im Brutsubstrat nur schwer auszumachen. Die Verpuppung erfolgt frei im Brutsubstrat. Die Puppe ist 3–4 mm lang und gelblich bis bräunlich gefärbt. Bei optimalen Brutbedingungen (32–37 °C und 70 % relative Luftfeuchtigkeit) dauert die Entwicklung vom Ei bis zum Käfer zwischen 27–35 Tage. Die Art kann unter optimalen Bedingungen rasch hohe Populationszahlen aufbauen und ist daher für Lebensmittel verarbeitende Betriebe ein gefürchteter Vorratsschädling.

Vorkommen: Ursprünglich stammt die Art aus Indien und Südostasien. Heute ist der Käfer weltweit – vor allem in subtropischen und tropischen Regionen – verbreitet. Nach Mitteleuropa wurde die Art mit Lebensmittelimporten eingeschleppt. Man findet sie auf Mehl, Reis, Getreideprodukten, Back- und Teigwaren, Samen, Sonnenblumenkernen, Erbsen, Bohnen, Rosinen, Feigen, Gewürzen, Kakao und getrocknetem Pflanzenmaterial (Herbarien).

Schadbild: Typischer Vorratsschädling. Sowohl die Käfer als auch die Larven verursachen Fraßschäden. Getreidekörner müssen vorgeschädigt sein, z. B. durch Fraß des Kornkäfers, sonst können die Larven des Reismehlkäfers sie nicht als Nahrung verwerten. Daher tritt die Art meist vergesellschaftet mit anderen Vorratsschädlingen auf. Die Larven fressen im Inneren der Körner. Neben den oft deutlichen Fraßverlusten werden die Nahrungsmittel durch Kot und Häutungsprodukte verunreinigt. Die Käfer scheiden zudem Chinone (aromatische Verbindungen) aus, wodurch bei starkem Befall ein scharfer Geruch entsteht. Mehl nimmt aufgrund der Chinone eine rosa Färbung an und verliert seine Backfähigkeit. Nach neuesten Erkenntnissen sind Chinone auch krebserregend.

Vorbeugung: Lagerräume, Vorratskammern und -schränke regelmäßig auf Befall kontrollieren. Nahrungsmittel in gut verschließbare Gefäße geben und kühl und trocken lagern. Pheromonfallen können zur Früherkennung eingesetzt werden.

Bekämpfung: Kontaminierte Lebensmittel müssen entsorgt werden. Augenscheinlich nicht befallene Lebensmittel können 1 Woche bei –18 °C tiefgekühlt oder für 30 Minuten im Backrohr auf 60 °C erhitzt werden. Diese Behandlung tötet sämtliche Entwicklungsstadien der Art ab. Vorratsschränke und -kammern gründlich reinigen und Ritzen und Fugen ausgiebig mit einem Fön durchpusten. Unzugängliche Stellen können mit Borax oder Diatomeenerde eingestäubt werden. Eine direkte Bekämpfung mit Kontaktinsektiziden ist möglich. Eine Kontamination von Lebensmitteln mit diesen Insektiziden ist unter allen Umständen zu vermeiden.

Ähnliche Arten: Amerikanischer Reismehlkäfer (*Tribolium confusum*), Großer Reismehlkäfer (*Tribolium destructor*)

Speichermotte
Ephestia elutella

Aussehen: Körperlänge 10 mm; Flügelspannweite ca. 15–20 mm; Vorderflügel schwach glänzend, braun- oder blaugrau gefärbt mit 5 hellen, dunkel gesäumten und leicht gezackten Querbinden; Hinterflügel mit gefranstem Seiten- und Hinterrand, sie sind hellgrau, silber oder golden gefärbt; die Larven erreichen eine Körperlänge von 15 mm und sind je nach aufgenommenem Futter weiß, gelblich, rosafarben oder bräunlich; auf der Körperoberfläche sind sie mit braunen Flecken, in deren Mitte meist eine Borstengruppe steht, gezeichnet; Kopf, Nacken- und Afterschild sind ebenfalls braun.

Biologie: Die Weibchen legen ihre gelblichen, ovalen Eier in Gruppen auf das Brutsubstrat. Die ausgeschlüpften Larven häuten sich 5–6mal. Das letzte Larvenstadium (die sog. Wanderlarve) verpuppt sich außerhalb der Nahrungsvorräte an einer geschützten Stelle in einem dicht gesponnenen weißen Kokon. Die Puppe ist bräunlich gefärbt. Unter optimalen Bedingungen (Temperatur 25 °C und 70 % relative Luftfeuchte) dauert die

Entwicklung vom Ei bis zum Falter zwischen 42 und 95 Tage. Larven, die im Herbst das letzte Larvenstadium erreichen, überwintern und können so auch sehr tiefe, weit unter dem Gefrierpunkt des Wassers liegende Temperaturen überdauern. In Mitteleuropa kommen in einem Jahr in der Regel 2 Generationen hervor. Die Falter der 1. Generation fliegen von Mitte Juni – Ende Juli und die Falter der 2. Generation von Anfang August – Ende November.

Vorkommen: Die Art stammt ursprünglich aus Mitteleuropa. Heute ist sie durch den internationalen Warenhandel weltweit verbreitet. Man findet sie auf Heu, Stroh, Kräutertees, Gewürzen, Tabak, Sämereien, Nüssen, Kakao und Schokolade.

Schadbild: Typischer Vorrats- und Hygieneschädling. Kontaminierte Lebensmittel werden durch Kot, Gespinst und Häutungsprodukte verunreinigt. In Müllereibetrieben können die Gespinste auch zu Verstopfungen in Sieben und Transportsystemen führen.

Vorbeugung: Vorratskammern und -schränke regelmäßig auf Befall kontrollieren. Lebensmittelvorräte in gut verschließbare Gefäße geben und kühl und trocken lagern. Pheromonfallen mit Klebestrips können eingesetzt werden, um einen Befall nachzuweisen und die Männchen wegzufangen.

Bekämpfung: Befallene Lebensmittel müssen entsorgt werden. Augenscheinlich nicht befallene Vorräte können eine Woche bei –18 °C tiefgekühlt oder für 30 Minuten im Backrohr auf 60 °C erhitzt werden. Vorratskammern und -schränke

gründlich reinigen. Ritzen und Fugen mit heißer Fönluft durchblasen. Einzelne umherfliegende Falter können mit der Fliegenklatsche getötet werden. Eine direkte Bekämpfung ist mit Kontaktinsektiziden möglich. Eine Kontamination von Lebensmitteln ist auf alle Fälle zu vermeiden. Unzugängliche Stellen mit Borax oder Diatomeenerde einstäuben.

Staublaus
Psocoptera

Aussehen: 1–2 mm groß; beige bis braune Färbung; sie besitzen eine sackförmige, ovale Körperform mit 3 Paar langen Beinen; Kopf relativ groß mit langen, dünnen, mehrgliedrigen Fühlern (Antennen); je nach Art können Vertreter der Staubläuse Flügel haben oder nicht; Larvenstadien sehen den adulten Tieren ähnlich.

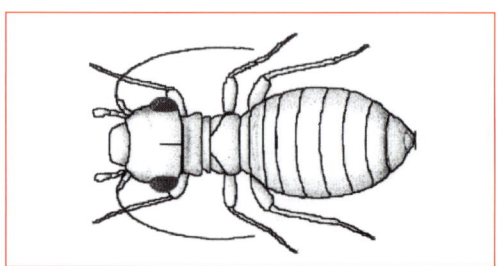

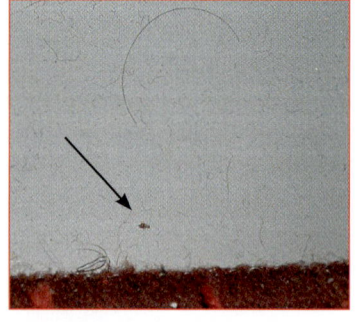

Biologie: Ein Weibchen kann im Laufe seines Lebens zwischen 50–100 Eier ablegen. Arten, die sich ungeschlechtlich vermehren, können bis zu 400 Eier legen. Die Eiablage erfolgt das ganze Jahr hindurch, so dass 6–8 Generationen pro Jahr möglich sind. Bei Temperaturen über 14 °C und einer relativen Luftfeuchtigkeit zwischen 70 und 90 % dauert die Ei- und Larvalentwicklung rund 30–40 Tage. Staubläuse zeigen einen hemimetabolen Entwicklungszyklus, d. h. die Larvenstadien sehen den erwachsenen (adulten) Tieren sehr ähnlich. Staubläuse haben eine Lebenserwartung bis zu 100 Tagen. Sinkt die relative Luftfeuchtigkeit unter 65 %, nimmt die Sterberate rapide zu. Bei Temperaturen unter 14 °C können sich die Eier nicht mehr entwickeln, und bei einer Temperatur von 0 °C über mehrere Stunden sterben die Tiere.

Vorkommen: Weltweit gibt es etwa 2.700 Arten von Staubläusen, davon sind etwa 100 Arten in Mitteleuropa verbreitet. Man findet diese kleinen Insekten auf verschiedenen Vorräten, wie Mehl, Grieß, Polenta, Haferflocken, Knäckebrot, Milchpulver, Tees, Tapeten, in Teppichen, in alten Büchern, zwischen altem Papier, alten Fotos, in Polstermaterial und in botanischen und zoologischen Sammlungen. Oftmals findet man nur einzelne Tiere in den Räumen. Erst bei Massenauftreten werden die Tiere lästig.

Schadbild: Typischer Vorrats-, Material- und Hygieneschädling. Staubläuse ernähren sich hauptsächlich von einem feinen Schimmelpilzrasen, der sich auf feuchten Wänden, Tapeten oder Lebensmitteln gebildet hat. In der Regel ist der direkte Schaden unbedeutend, aber durch die Schimmelpilzbildung können gesundheitliche Probleme auftreten. Beim Abgrasen des feinen, kaum sichtbaren Schimmelpilzbelags von Tapeten oder Wänden hinterlassen die Tiere einen feinen Papierstaub. Man vermutet, dass Staubläuse auch an der Ausbildung von Allergien beteiligt sind. Bei Massenauftreten können zudem erhebliche Schäden an Materialien, wie alten Büchern, Fotos und Nahrungsmitteln, entstehen.

Vorbeugung: Räume gut belüften und heizen, damit die relative Luftfeuchtigkeit gesenkt und so den Tierchen die Lebensgrundlage entzogen wird. Es empfiehlt sich dabei, zwei- bis dreimal pro Tag für jeweils 5 Minuten stoßzulüften. Im Winter sollten Fenster nicht auf Kippstellung für längere Zeit offen stehen. Ritzen und Spalten im Boden sollten verfugt werden, damit die Tierchen keine Versteck- und Rückzugsmöglichkeit mehr haben. Nahrungsmittel in gut verschließbaren Gefäßen aufbewahren. Türen zu ungeheizten Räumen geschlossen halten, da sonst die Möglichkeit besteht, dass die Luftfeuchtigkeit aus den wärmeren Räumen an den kalten Wänden der unbeheizten Räume kondensiert. Bei Bezug von Neubauten sollten die Wände vor dem Bezug gut ausgetrocknet werden. Beim Kochen sollte der Dampfabzug verwendet werden, damit die Luftfeuchtigkeit in der Küche nicht zu hoch wird.

Bekämpfung: Bei Massenauftreten von Staubläusen empfiehlt sich der Einsatz von pyrethrumhaltigen Insektizidsprays. Eine Kontamination der Lebensmittel mit dem Insektizid ist unter allen Umständen zu vermeiden.

Ameisen
Fomicidae

Ameisen sind faszinierende, soziale Insekten, die in einem Ameisenstaat leben. Evolutionsbiologisch sind Ameisen eine sehr erfolgreiche Insektengruppe, die nahezu weltweit verbreitet ist. Gegenwärtig sind etwa 9.600 Arten beschrieben. Experten schätzen, dass es rund 15.000 Ameisenarten weltweit gibt. In Mitteleuropa leben ca. 160 Ameisenarten. Je nachdem, um welche Ameisenart es sich handelt, bauen sie ihre Nester im Boden, in verfaulendem Holz oder in Hohlräumen von Gebäuden. Nahezu alle Ameisenarten füllen in ihrem Lebensraum wichtige ökologische Nischen aus und sind sehr nützliche Insekten. Trotzdem gibt es einige Arten, die bei ihren Streifzügen nach Nahrung auch in menschliche Behausungen eindringen und dort mehr oder weniger Schaden anrichten oder zumindest als lästig empfunden werden. Einige Vertreter können als Holzschädlinge empfindlichen Schaden an der Bausubstanz anrichten. Andere Arten, wie die Pharaoameise, sind als Überträger von Krankheiten zudem bedeutende Hygieneschädlinge.

Schwarzgraue Wegameise bzw. Schwarze Gartenameise
Lasius niger

Aussehen: Königin 8–9 mm, Arbeiterinnen 3–5 mm, Männchen 3,5–4,5 mm groß; braun bis schwärzlich gefärbt; Geschlechtstiere geflügelt; Körper mit deutlich abgegrenztem Kopf, Brust und Hinterleib und 6 langen, dünnen Beinen; Haare am Körper silbrig; kräftige, kauend-beißende Mundwerkzeuge (Mandibeln); mehrgliedrige Fühler geknickt mit einem längeren Basalglied.

1 mm

Biologie: Die geflügelten Geschlechtstiere der Schwarzgrauen Wegameise schwärmen zum „Hochzeitsflug" an warmen Tagen im Hochsommer (Juni bis August). Die Paarung findet während des Fluges statt. Die Männchen sterben bald darauf. Die Jungköniginnen landen, werfen ihre Flügel ab und beginnen mit der Suche nach einer geeigneten Stelle für die Gründung eines Nestes (z. B. im Boden oder im morschen Holz). In unterirdischen Kammern ihres Nestes legt die Königin ihre Eier ab und zieht die ersten Arbeiterinnen auf. Die Königin sorgt als einzige für Nachwuchs, die Arbeiterinnen selbst sind unfruchtbar. Jedes Nest hat nur eine Königin (Monogynie), obwohl manchmal an der Nestgründung auch mehrere Königinnen beteiligt sein können (Pleometrose). Die Gründerköniginnen bekämpfen sich allerdings später, so dass nur eine Königin überbleibt, die dann die Alleinherrschaft im Nest hat. Ein älteres Ameisenvolk der Schwarzgrauen Wegameise kann bis zu 10.000 Arbeiterinnen aufweisen.

Vorkommen: Die Schwarze Wegameise ist in Europa, Asien, Afrika und Nordamerika verbreitet. In Mitteleuropa ist sie eine der häufigsten Ameisenarten. Sie besiedelt Wälder und offene Landschaften. Man findet sie in Parks, Gärten, Städten, wo sie sich gerne unter Steinen, Gehwegplatten, im Gartenboden, unter Baumrinden und in Mauerspalten aufhält. Vor allem im Frühjahr dringt sie auch gerne im Rahmen der Nahrungssuche in menschliche Behausungen ein. Es werden auch Wohnungen in zweiten oder dritten Stock aufgesucht.

Schadbild: Typischer Lästling. Werden von einer Arbeiterin geeignete Nahrungsquellen, wie z. B. zuckerhaltige Stoffe, Fleisch und Eier gefunden, markiert sie den Weg mit einer Duftspur, so dass zahlreiche Artgenossinnen zur Futterstelle gelangen. Es entsteht dabei eine Ameisenstraße vom Nest zur Futterquelle. Durch dieses Verhalten der Ameise entsteht nicht wirklich ein Schaden, es wird von vielen Menschen aber als lästig empfunden. Mitunter kann die Art aber Schäden an der Bausubstanz verursachen, wenn sie ihr Nest im Holz von Häusern anlegt. Indirekt schadet die Ameisenart auch Kulturpflanzen, da sie auch pflanzensaugende Läuse (Blattläuse) hegt, von deren Ausscheidungen (Honigtau) sie sich ernährt.

Vorbeugung: Keine Lebensmittel und Lebensmittelreste herumliegen lassen. Geschirr relativ bald spülen. Süße Substanzen in gut verschließbaren Gefäßen aufbewahren und nicht längere Zeit offen stehen lassen. Futtergeschirr von Haustieren regelmäßig säubern, so dass keine Nahrungsreste für längere Zeit vorhanden sind.

Bekämpfung: Eine Ameisenstraße, die ins Gebäude führt, mit dem Staubsauger wegsaugen und die Duftspur feucht wegwischen. Einzelne Arbeiterinnen kann man einfach töten. Mit ätherischen Ölen kann man die Ameisen vergrämen und sie so vom Gebäude fernhalten. Bei Kulturpflanzen empfiehlt sich das Anbringen von Leimringen. Man verhindert so, dass die Ameisen zu den Blattläusen gelangen und diese hegen und vor Fressfeinden schützen. Bei ständig neuem Eindringen der Ameisen empfiehlt sich das Aufsuchen und Entfernen des Nestes. Man stülpt dazu einen mit Holzwolle und Erde gefüllten Tontopf über den Nesteingang und lässt diesen ca. 1 Woche so platziert. Die Ameisen transportieren in dieser Zeit ihre Brut in den Topf. Man kann diesen nun entfernen. Prinzipiell ist es nicht notwendig, Ameisennester im Freien zu bekämpfen. Nur Nester, die im Gebäude selbst angelegt wurden, sollten unter Einsatz von speziellen Ameisenköderdosen bekämpft werden.

Braune Wegameise bzw. Rotrückige Hausameise
Lasius brunneus

Aussehen: Königin 6,5–8 mm, Arbeiterinnen 2,5–4 mm, Männchen 4–5 mm groß; Brustbereich (Thorax) gelblich-braun, Kopf bronzebraun und Hinterleib (Abdomen) dunkel- bis schwarzbraun gefärbt; Geschlechtstiere geflügelt; Körper mit deutlich abgegrenztem Kopf-, Brust- und Hinterleibsbereich und 6 langen, dünnen Beinen.

Schadbild: Typischer Materialschädling. Bei der Anlage ihres Nestes in Holzbalken im Gemäuer von Gebäuden höhlt sie die Holzbalken aus und schädigt dadurch die Bausubstanz. Sie tritt sowohl als primärer als auch als sekundärer Holzschädling auf.

Vorbeugung: siehe *Lasius niger*

Bekämpfung: Stellt man fest, dass sich in der Bausubstanz eine Kolonie von der Braunen Wegameise eingenistet hat, ist auf alle Fälle ein Bausachverständiger bzw. ein professionelles Schädlingsbekämpfungsunternehmen zu konsultieren. Das Töten der Arbeiterinnen ist wenig hilfreich, da rasch neue nachkommen. Jede Bekämpfungsmaßnahme muss sich darauf konzentrieren, die Königin zu töten, da nur so das ganze Volk ausstirbt. Da sich die Königin aber in gut geschützten, unzugänglichen Teilen des Ameisennestes aufhält, ist eine Bekämpfung nicht sehr einfach und kann nur professionell durchgeführt werden. Durch die gezielte Ausbringung von Klebefallen, die einen Sexuallockstoff (Pheromon) enthalten, kann die Befallsdichte abgeschätzt und die Lage des Nestes lokalisiert werden. Hat man das Nest lokalisiert, empfiehlt sich ein kombinatorischer Einsatz mehrerer Bekämpfungsmethoden. Zum einen sollten direkt am Nest Kontaktinsektizide mit Hilfe eines Sprays ausgebracht werden. In Nestnähe und entlang von Ameisenstraßen sollten zusätzlich noch kommerziell erhältliche Fraßköder ausgelegt werden, damit auch die Populationsdichte der Arbeiterinnen rasch reduziert wird.

Biologie: Die geflügelten Geschlechtstiere schwärmen von Ende Mai bis Anfang August von 05:00 – 14:00 Uhr, hauptsächlich aber mittags. Die Weibchen gründen ihre Kolonie oft auf Bäumen in einer Höhe von 3–12 m, damit sie den Feinddruck minimieren. Dabei wird das Nest durch das Aushöhlen von morschem Holz unter der Borke gebildet. Wenn die Kolonie größer wird, erfolgt ein Abwandern nach unten. Temporäre Sommernester unter Steinen oder in Laubstreu können vorkommen. In Laubwäldern erreicht die Art mit bis zu 23 Kolonien pro 100 m² die höchste Populationsdichte. Schattige Nadelwälder werden gemieden. Die Art ernährt sich hauptsächlich durch den Honigtau von Blatt- und Rindenläusen, wie z. B. durch Betreuung der Großen Eichenrindenlaus (*Stomaphis quercus*), deren Jugendstadien die Ameisen auch aktiv transportieren. Die Art ist sehr scheu und ständig fluchtbereit. Die Arbeiterinnen vermeiden es, frei an der Oberfläche zu laufen, sondern bewegen sich hauptsächlich geschützt in Spalten fort.

Vorkommen: Vor allem in Laubwäldern, aber auch in lichten Kiefernwäldern in ganz Mitteleuropa verbreitet. In Häusern nistet sie gerne in im Mauerwerk befindlichen Holzbalkenköpfen, die sie durchlöchert.

Pharaoameise
Monomorium pharaonis

Aussehen: Königin 3,9–4,9 mm, Arbeiterinnen 2–3,2 mm, Männchen 2,9–3,4 mm groß; die Arbeiterinnen sind bernsteingelb bis gelborange gefärbt und haben eine dunklere Hinterleibsspitze; die mit spärlicher Behaarung versehene Körperoberfläche er-

0.50 mm

scheint infolge netzartiger Mikroskulptur matt; die Königin ist braun und hat auf ihrer Körperoberfläche wenige, einzeln stehende, bis zu 0,1 mm lange Borsten; die Männchen sind schwarzbraun mit blassgelben Fühlern und Beinen.

Biologie: Eine Pharaoameisenkolonie besteht aus bis zu 300.000 Individuen, wobei bis zu 2.000 Königinnen in ihr leben können (polygyn), die alle begattet sind und so permanent Nachwuchs produzieren können. Die Gründung von Kolonien erfolgt meist durch die Bildung von Zweignestern. Kleine Arbeiterinnengruppen, die ihre Larven verschleppen, können schon nach ca. 16 Tagen neue Geschlechtstiere produzieren. Generell dauert die Entwicklung vom Ei bis zur adulten Ameise für Arbeiterinnen rund 38 Tage und für Königinnen und Männchen rund 42 Tage. Die Pharaoameise bevorzugt wärmere Temperaturen und eine höhere relative Luftfeuchtigkeit. Im Gegensatz zu heimischen Ameisenarten ist die Art das ganze Jahr hindurch aktiv.

Vorkommen: Die Art stammt ursprünglich aus dem tropischen Indien oder Afrika. Durch den internationalen Warenverkehr wurde sie fast weltweit verschleppt. In Österreich wurde sie erstmals 1970 nachgewiesen, in anderen europäischen Ländern teilweise schon früher. Man findet sie bei uns in beheizten Wohnungen, Häusern, Gewächshäusern, Krankenhäusern, Badeanstalten, Bäckereien und Gasthäusern. Ein Pharaoameisenbefall hat nichts mit mangelnder Hygiene und Sauberkeit im Haushalt zu tun. Wird sie versehentlich mit Waren (Lebensmittel, Tierfutter oder Wäsche aus Wäschereien) eingeschleppt, breitet sie sich rasch im ganzen Gebäude aus, wenn die Umweltbedingungen für sie optimal sind.

Schadbild: Bedeutender Hygieneschädling, aber auch Vorrats- und Materialschädling. Die Pharaoameise ist ein Allesfresser (polyphag) und ernährt sich von eiweißreicher Nahrung wie Fleisch, Wurst und Brot, aber auch Blut, Eiter und Speichel. Im Gegensatz zu heimischen Ameisenarten gehen sie nicht primär an kohlehydratreiche Nahrungsmittel (Süßigkeiten). An Material wird die Pharaoameise schädlich, wenn sie in elektrische Geräte, wie z. B. Computer, eindringt und dort Kabelbrände verursacht. Die Art gilt als bedeutender Überträger zahlreicher Krankheitskeime, wie z. B. Salmonellen, Streptokokken und Staphylokokken. Ihr Verhalten, an Verbandsmaterial zu gehen und Operationswunden anzunagen und dabei Keime zu übertragen, macht sie vor allem in Krankenhäusern zu einem großen Problem.

Vorbeugung: Räumlichkeiten regelmäßig auf Befall kontrollieren. Vor allem eiweißreiche Nahrungsprodukte kühl und trocken lagern.

Bekämpfung: Aufgrund der Gefährlichkeit dieses Schädlings besteht in allen Österreichischen Bundesländern eine gesetzliche Meldepflicht an das zuständige Gesundheitsamt und eine Bekämpfungspflicht durch ein konzessioniertes Schädlingsbekämpfungsunternehmen. Auch in anderen europäischen Staaten besteht eine derartige Melde- und Bekämpfungspflicht. Eine Bekämpfung ist nur dann erfolgreich, wenn über einen längeren Zeitraum das gesamte Befallsareal behandelt wird. Eine Bekämpfung der Art in einer einzelnen Wohnung in einem Wohnhaus ist wenig erfolgversprechend, da die Ameise aus anderen befallenen Arealen des Wohnhauses wieder in die Wohnung eindringt. Zur Bekämpfung der Pharaoameise setzen konzessionierte Schädlingsbekämpfungsunternehmen kombinatorische Bekämpfungsmethoden ein. Dies beinhaltet den Einsatz von Kontaktinsektiziden (Wirkstoff: Cypermethrin), von Fraßködern in Köderdosen (Streu- und Gießmittel) und Gelködern, die mikroverkapselte Präparate auf Basis von Phosphorsäureester enthalten. Die Gele lassen sich an strategisch wichtigen Punkten, inklusive unzugänglicher Ritzen und Fugen, anbringen. Eine weitere Bekämpfungsmethode kann an kalten Wintertagen durchgeführt werden, indem man die Behausung für 1–2 Tage nicht mehr beheizt und das Gebäude durchfrieren lässt. Da die Pharaoameise eine wärmeliebende Art ist, stirbt sie bei winterlichen Temperaturen. Bei einer derartigen Kältebehandlung des Gebäudes müssen aber entsprechende Frostschutzmaßnahmen, wie z. B. das Ablassen von Wasser, ergriffen werden.

Eine erfolgreiche Bekämpfung dauert oft bis zu einem Jahr, und der Behandlungserfolg muss ständig kontrolliert werden.

Rossameise
Camponotus sp.

Aussehen: Königin 16–18 mm; Arbeiterinnen 6–14 mm; Männchen 9–12 mm; größte heimische Ameisenart; Körper dunkelbraun bis schwarz gefärbt; Hinterleibsbasis bei *C. ligniperda* rötlich bis rotbraun und nur locker behaart; Hinterleibsbasis bei *C. herculeanus* schwarz und dicht behaart; kräftige Kopfkapsel schwarz gefärbt und mit kräftig kauend-beißenden Mundwerkzeugen (Mandibeln) versehen.

Biologie: Die Rossameisen schwärmen im Juni während des frühen Nachmittags bei Außentemperaturen zwischen 21–27 °C. Dabei verlassen die jungen, geflügelten Geschlechtstiere (Königinnen und Männchen) das Nest und fliegen zum Hochzeitsflug. Die befruchteten Weibchen landen, werfen ihre Flügel ab und beginnen einen geeigneten Standort für ihr Nest zu suchen. Dieses wird im Boden (unter Steinen) oder im Holz angelegt, wobei totes

Holz bevorzugt wird. Gelegentlich besiedeln Rossameisen aber auch lebendes Holz und können damit vor allem in der Forstwirtschaft schädlich werden. Die Königin verschließt sich in einer Kammer und beginnt mit der Eiablage. Die ausschlüpfenden Arbeiterinnen bilden die Grundlage für das neue Ameisenvolk. Die Rossameisen ernähren sich vor allem von Honigtau, den sie von Blattläusen ernten. Darüber hinaus beißen sie auch Knospen und frische Laubholztriebe an, um den Saft zu lecken. Auch diverse Insekten werden von der Rossameise verzehrt. Die Rossameise ist ein sehr kräftiges, wehrhaftes und langlebiges Tier. Die Arbeiterinnen haben eine Lebenserwartung von 10 Jahren und mehr. Die Überwinterung erfolgt als Larve oder Imago im Nest.

Vorkommen: Nahezu weltweit mit rund 900 Arten vertreten. Man findet sie in Laubwäldern, Nadelwäldern, Laub-Nadel-Mischwäldern, Trocken- und Halbtrockenrasen mit Gebüschen und in Feldrainen. In menschlichen Behausungen findet man sie in Balken, die sie ausgehöhlt haben und als Nest benutzen.

Schadbild: Starke Balken (vor allem in Blockhäusern, aber auch alten Bauernhäusern) oder Pfähle werden ausgehöhlt, indem das weichere Frühholz als konzentrische Ringe von unten nach oben (bis zu einer Höhe von 10 m) vollständig ausgenagt wird. Die härteren Spätholzschichten und querverlaufende Äste bleiben erhalten und bilden konzentrisch ineinandersteckende Hohlzylinder. Die Hohlräume sind nicht mit Fraßmehl oder mit Kot befüllt. Allerdings kann das Holz bereits Pilzbefall aufweisen (z. B. *Lenzites*), so dass auch das Spätholz vermodert. Die Gänge laufen dann unregelmäßiger. In Häusern können Stützbalken bis zur Einsturzgefahr ausgehöhlt werden. In lebenden Waldbäumen kann die Rossameise einen technischen Schaden verursachen und somit das Holz entwerten.

Vorbeugung: Typischer Materialschädling: Neue Bauhölzer sollten nur nach entsprechender Insektizidvorbehandlung, wie in nationalen Normen (ÖNORM, DIN) festgelegt, verwendet werden. Alte Bauhölzer regelmäßig kontrollieren und eventuell nachbehandeln. Da Blattläuse Rossameisen anlocken können, empfiehlt sich, verlauste Pflanzen zu separieren und mit geeigneten Methoden lausfrei zu machen.

Bekämpfung: Eine Bekämpfung der Rossameise ist sehr schwierig und sollte daher von einem fachlich versierten Schädlingsbekämpfungsunternehmen durchgeführt werden. In einem ersten Schritt muss man das Nest lokalisieren. Hat man es eruiert, wird das befallene Bauholz hitzebehandelt, d. h. das Holz wird für etwa eine halbe Stunde auf rund 60 °C erhitzt. Danach wird es mit Kontaktinsektiziden behandelt. Zusätzlich sollten auch Fraßköder an strategischen Plätzen auslegt werden.

Wichtige heimische Arten: *Camponotus herculeanus, Camponotus ligniperda, Camponotus vagus, Camponotus fallax, Camponotus piceus, Camponotus lateralis, Camponotus truncatus, Camponotus aethiops.*

Modermilbe
Tyrophagus putrescentiae

Aussehen: Weibchen 0,32–0,45 mm; Männchen 0,28–0,35 mm; Körper, Mundwerkzeuge und Extremitäten erscheinen farblos, seltener leicht bräunlich; sie besitzen eine größere Anzahl längerer Haare am Hinterleib.

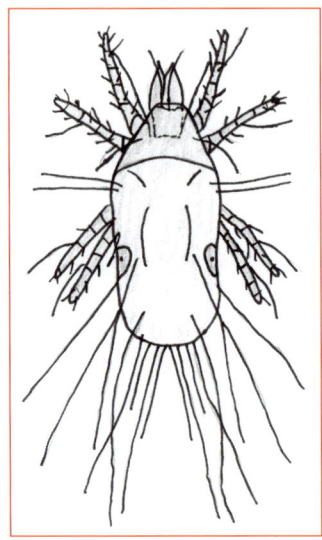

Biologie: Die Weibchen legen pro Tag etwa 60 Eier in ein bereits verschimmeltes Substrat ab. Insgesamt legt ein Weibchen etwa 500 Eier ab. Die Eiablage erfolgt bei einem Temperaturbereich zwischen 8 und 35 °C und einer relativen Luftfeuchtigkeit von mindestens 65 %. Unter optimalen Bedingungen dauert die Entwicklung 10–13 Tage.

Vorkommen: Die Modermilbe ist weltweit verbreitet. In Mitteleuropa kommt sie nur in menschlichen Gebäuden und niemals im Freien vor. Man findet sie in Mühlen, Getreidesilos, Lebensmittellagerstätten, Pilz- und Insektenzuchtanstalten und Hühnerstellen. Dort befällt sie Leinsamen, getrocknete Eier, Erdnüsse, Käse, Schinken, Heringsmehl, Wurst, getrocknete Marillen, getrocknete Pilze, Reis, Weizenkleie, Pflanzensamen, Bananenchips und darüber hinaus in Laboratorien parasitische Pilze, wie Fußpilze, die dort auf speziellen Nährmedien (Agar-Agar) gezüchtet werden.

Schadbild: Typischer Vorrats- und Hygieneschädling. Neben den Fraßschäden übertragen die Modermilben Schimmelpilzsporen. Befallene Nahrungsmittel werden durch Kot und Häutungsprodukte verunreinigt und nehmen einen unangenehmen Geschmack an. Kot- und Häutungspartikel können bei empfindlichen Menschen eine Hausstauballergie auslösen.

Vorbeugung: Nahrungsmittel und Lagergut trocken lagern, da sich Modermilben unter diesen Umweltbedingungen nicht erfolgreich vermehren können.

Bekämpfung: Befallene Lebensmittel und Vorräte müssen entsorgt werden. Vorratskammern und -schränke können oberflächlich mit Insektizidsprays (Akarizide) behandelt werden, wobei eine Kontamination der Lebensmittel mit diesen Giften unter allen Umständen zu vermeiden ist. Nach der Akarizidapplikation müssen die Vorratsschränke und -kammern gründlich gereinigt werden. Augenscheinlich nicht befallene Lebensmittel können für eine Woche bei −18 °C tiefgekühlt werden, um alle Entwicklungsstadien der Milbe abzutöten. Gefäße, in denen befallene Lebensmittel und Vorräte gelagert waren, müssen gründlich desinfiziert werden. Silos und größere Lagerräume können mit gasförmigen Akariziden, wie z. B. Stickstoff, Kohlendioxid oder Phosphorwasserstoff, begast werden. Eine biologische Bekämpfung mit der Getreideraubmilbe (*Cheyletus eruditus*) zeigt gute Erfolge. Die Raubmilbe spürt die Eier der Modermilbe auf und attackiert diese.

Mehlmilbe
Acarus siro

Aussehen: Weibchen 0,35–0,65 mm; Männchen 0,32–0,46 mm; milchig-weiß gefärbt; Beine und Mundwerkzeuge rötlich gefärbt; Körper rundlich und mit wenigen, kurzen Borsten besetzt; am Hinterende inserieren 2 Paar lange Schwanzhaare; adulte Tiere und Nymphen weisen, wie für Spinnentiere üblich, 4 Beinpaare auf; frisch geschlüpfte Larven besitzen hingegen nur 3 Beinpaare.

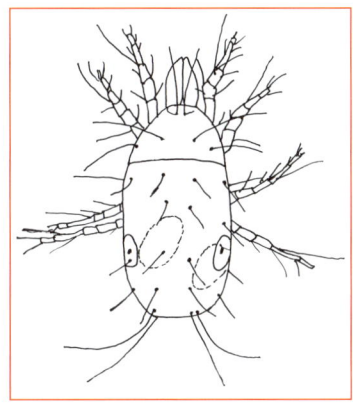

Biologie: Ein Weibchen legt über einen Zeitraum von 30 Tagen rund 40 länglich-ovale Eier in feuchtes Getreide oder Mehl ab. Bei Temperaturen zwischen 18 und 22 °C schlüpfen die etwa 0,2 mm großen Larven bereits nach 3–4 Tagen. Die Larven fressen und nehmen entsprechend Energie auf, bevor sie sich in die bereits achtbeinigen, etwa 3 mm großen Protonymphen entwickeln. Nach weiteren 3 Wochen Entwicklungszeit entstehen über ein weiteres Nymphenstadium die geschlechtsreifen Milben. Ungünstige Umweltbedingungen können dazu führen, dass sich Dauernymphen (Hypopen) entwickeln, die in der Lage sind, ungünstige Umweltbedingungen, wie z. B. Trockenheit, zu überstehen. Die Mehlmilbe ist auf eine relativ hohe Luftfeuchtigkeit von 75–80 % und eine Substratfeuchte von mindestens 14 % angewiesen. Niedrigere oder höhere Luftfeuchtigkeiten meidet sie. Mehlmilben werden durch andere Gliederfüßer und Fledermäuse verbreitet.

Vorkommen: Die Mehlmilbe ist weltweit verbreitet. Man findet sie auf Kleie, Grieß, Haferflocken, Teigwaren, Mehl, Ölfrüchten, Heilpflanzen, Trockenobst, Grassamen, Ölkuchen, Pollen von Bienenwaben, getrockneten Futterpflanzen und Heu.

Schadbild: Typischer Vorrats- und Hygieneschädling. Die frisch geschlüpften Larven verursachen in der ersten Woche einen großen Fraßschaden. Bei Massenbefall von ca. 500 Milben pro kg Nahrungsmittel entsteht ein beißend süßlicher Geruch. Weitere Kennzeichen für einen Mehlmilbenbefall sind ein heller Belag und eine krümelige Konsistenz der befallenen Nahrungsmittel. Diese sind nicht mehr für den Verzehr geeignet und müssen entsorgt werden. Mehlmilben können bei empfindlichen Menschen, ebenso wie die Modermilbe, eine Hausstauballergie auslösen.

Vorbeugung: Nahrungsmittel und Lagergut trocken lagern, da sich Mehlmilben unter diesen Umweltbedingungen nicht erfolgreich vermehren können. Betten gut lüften und erst dann mit einer Tagesdecke abdecken. Textilien, Kuscheltiere etc. können im Wäschetrockner von Milben befreit werden.

Bekämpfung: siehe Modermilbe

Silberfischchen
Lepisma saccharina

Aussehen: 7–11 mm groß; silbergrau gefärbt; die Körperoberfläche ist mit feinen silbergrauen Schüppchen bedeckt; der Brustabschnitt ist verbreitert, während sich der Hinterleib nach hinten immer mehr verjüngt; das Insekt ist ein flügelloses Urinsekt und hat 2 lange, mehrgliedrige Fühler am Kopf; am Hinterleibsende inserieren 3 lange Schwanzanhänge (2 seitliche Cerci und ein sog. Terminalfilum); die Larven ähneln aufgrund der hemimetabolen Entwicklung den adulten Insekten.

Biologie: Ein Weibchen kann während seiner 2- bis 5-jährigen Lebenszeit 1.500–3.500 Eier ablegen. Diese legt es bevorzugt in Ritzen und Spalten ab, wo die Temperatur zwischen 25 und 30 °C beträgt. Aus den Eiern schlüpfen kleine Larven, die bis auf die fehlende, silbrige Beschuppung wie die adulten Tiere aussehen. Die silbrige Beschuppung erscheint erst nach der 3. Häutung. Die Larvalentwicklungszeit ist stark von den Umweltbedingungen abhängig und dauert zwischen 4 Monate und 3 Jahren. Ein geschlechtsreifes Tier durchläuft etwa acht Häutungen. Weil die Tiere jedoch ständig wachsen, machen sie im Durchschnitt jedes weitere Jahr 4 Häutungen durch. Silberfischchen sind nachtaktiv.

Vorkommen: Das Silberfischchen ist auf ein feuchtwarmes Klima angewiesen und kommt daher in Mitteleuropa nur in Häusern und Wohnungen vor. Man findet es an entsprechend feuchtwarmen Standorten, wie z. B. Bad, WC, Waschküche und Küche. Tagsüber versteckt es sich in dunklen Spalten, Ritzen, hinter Fußleisten oder losen Tapeten.

Schadbild: Typischer Lästling. Einzeln auftretende Tiere verursachen so gut wie keinen Schaden. Bei Massenauftreten kann der Lästling aber auch zum Schädling werden. In erster Linie rufen Silberfischchen bei vielen Menschen ein unbehagliches Gefühl hervor, wenn sie in Badewannen oder Waschbecken gesichtet werden. Die Urinsekten fressen bevorzugt stärke- und kohlehydratreiche Stoffe, wie Zucker, Mehl und Leim von Büchern und Tapeten, was ihnen auch den lateinischen Namen *Lepisma saccharina*, was zu deutsch „Zuckergast" bedeutet, eingebracht hat. Die Tiere fressen aber auch proteinhaltige Nahrung, wie z. B. tote Insekten, Hautschuppen, Häutungsprodukte und Textilien, wie Baumwolle, Leinen und Seide.

Vorbeugung: Räume in Wohnungen und Häuser immer wieder stoßlüften und beheizen. Dadurch wird die Luftfeuchtigkeit gesenkt, die für die Tiere notwendig ist. Ritzen und Spalten im Boden verfugen, damit die Versteckmöglichkeiten für die Tierchen minimiert werden. Im Badezimmer sollten keine Teppiche vorhanden sein. Dunkle Schlupfwinkel regelmäßig saugen. Stärke- und zuckerhaltige Nahrungsmittel in gut verschließbaren Gefäßen aufbewahren. Wertvolle Utensilien, wie Bücher, Bilder etc. sollten trocken und kühl gelagert werden.

Bekämpfung: Bei stärkerem Auftreten empfiehlt sich der punktuelle Einsatz von Insektizidsprays in Ritzen, Spalten und Fußleisten. Ebenfalls kann Diatomeenerde an diesen Punkten eingesetzt werden, wenn die Feuchtigkeit nicht zu hoch ist. Durch starke Feuchtigkeit oder Nässe wird die Diatomeenerde inaktiviert und der Bekämpfungserfolg bleibt aus. Ebenfalls können mit Honig oder Sirup bestrichene Pappstreifen ausgelegt werden, auf denen die Tiere kleben bleiben.

Gemeine Bettwanze
Cimex lectularius

Aussehen: 4–8 mm groß; rostrot bis dunkelbraun gefärbt; Beine und Antennen gelblich; Körper dorsoventral (rücken-bauchseitig) abgeplattet, was dieser Art im Volksmund den Namen „Tapetenflunder" eingebracht hat; die Flügel sind zu kleinen Schuppen reduziert und hinten gerade abgeschnitten; die Bettwanzen sind daher nicht flugfähig; die Fühler (Antennen) sind 4-gliedrig und weisen ein kurzes Basalglied auf; Larvenstadien sehen aufgrund der hemimetabolen Entwicklung den adulten Tieren ähnlich.

Biologie: Ein Weibchen legt täglich 1–12 Eier ab. Im Laufe seines Lebens legt ein Weibchen rund 200–300 Eier. Diese werden mit einem wasserlöslichen Sekret an die geschützte Eiablagestelle (Ritzen, an Kleidung oder Vorhängen oder hinter Bildern) festgeheftet. Bei einer Temperatur von 25 °C dauert die Entwicklung vom Ei bis zum adulten Tier ca. 4–6 Wochen, wobei die Larven innerhalb von 2 Wochen aus den Eiern schlüpfen. Bettwanzen haben 5 Larvenstadien. Nach jeder Häutung müssen die Larven eine Blutmahlzeit zu sich nehmen. Dabei bevorzugen sie das Blut des Menschen. Sie nehmen aber auch das Blut von Kleinsäugern und Vögeln als Nahrungsquelle zu sich. Nach jeder Blutmahlzeit können die Tiere längere Hungerperioden überstehen. Die Tiere sind nachtaktiv; tagsüber verstecken sie sich in Ritzen und Spalten.

Vorkommen: Man vermutet, dass die Bettwanze ursprünglich aus Asien stammt und über den Menschen weltweit verbreitet wurde. In Mitteleuropa kommt sie nur in menschlichen Behausungen und in Hühnerställen vor.

Schadbild: Typischer Lästling, Parasit und Hygieneschädling. Nachts kommen die Wanzen aus ihren Verstecken hervor und suchen schlafende Menschen auf, um ihre Blutmahlzeit zu sich zu nehmen. Dabei treffen sie meistens nicht beim ersten Stich ein Blutgefäß, so dass ein typisches Bild von Reihenstichen entsteht, das auch als Wanzenstraße bezeichnet wird. Die Stiche werden meist erst beim Aufwachen bemerkt. Bei empfindlichen Personen bilden sich Quaddeln und ein intensiver Juckreiz. Ausgelöst werden diese Symptome durch ein Antikoagulationssekret, das die Wanze in die Stichwunde injiziert, um eine Gerinnung des Blutes zu verhindern. Durch Kratzen kann sich die Stichstelle entzünden. Bei ganz empfindlichen Menschen können durch dieses Sekret sogar Sehstörungen auftreten. Die Bettwanze kann auch Hepatitis B übertragen werden. Daneben wurden auch andere Viren in den Wanzen nachgewiesen, darunter Hepatitis C und das HI-Virus. Eine Übertragung dieser Viren auf den Menschen konnte wissenschaftlich jedoch noch nicht bestätigt werden.

Vorbeugung: Versteckmöglichkeiten (Ritzen und Fugen) vorbeugend absaugen. Eventuell Betten von Wänden abrücken.

Bekämpfung: Mögliche Schlupfwinkel mit Diatomeenerde einstäuben. Direkte Bekämpfung ist mittels Kontaktinsektiziden (Wirkstoffbasis Pyrethroide) möglich. Eine weitere Methode besteht darin, die Zimmertemperatur für eineinhalb Tage auf 55 °C zu erhöhen. Bei diesen hohen Temperaturen sterben sämtliche Entwicklungsstadien der Bettwanze ab. Die Bekämpfung der Wanze sollte durch ein professionelles Schädlingsbekämpfungsunternehmen durchgeführt werden.

Hausstaubmilbe
Dermatophagoides sp.

Aussehen: 0,2–0,4 mm; weißlich gefärbt; Körper rundlich; adulte Tiere und Nymphen weisen, wie für Spinnentiere üblich, 4 Beinpaare auf; die Larven sind rund 0,1 mm groß und besitzen nur 3 Beinpaare.

Biologie: Ein Hausstaubmilbenweibchen legt täglich 1–2 bis zu 0,4 mm große Eier, aus denen die sechsbeinigen Larven schlüpfen. Im Laufe ihres sechswöchigen Erwachsenenlebens kann ein Weibchen daher 40–80 Eier legen. Nach der Häutung der Larven entsteht die sog. Protonymphe. Im Laufe der weiteren Nymphenentwicklung gehen nach entsprechenden Häutungen die Deuto- bzw. Tritonymphen hervor, die zu adulten Milben heranwachsen. Die Embryonal- und Larvalentwicklung (vom Ei bis zur adulten Milbe) dauert drei bis vier Wochen. Unter optimalen Umweltbedingungen, d. h. bei Temperaturen zwischen 20 und 30 °C und einer Luftfeuchtigkeit von 70–80 %, neigen die Hausstaubmilben zu Massenvermehrung. Unter diesen Bedingungen dauert die Generationsfolge nur rund 10 Tage. Trockenzeiten können die Hausstaubmilben in Form von nichtfressenden und bewegungslosen Dauerstadien überdauern. Die Hausstaubmilben ernähren sich von menschlichen und tierischen Hautschuppen (*Dermatophagoides* = Hautfresser). Im Durchschnitt verliert ein Mensch täglich rund 1,5 g Hautschuppen, wobei sich diese vor allem an Betttextilien anreichern. Daher finden die Hausstaubmilben hier optimale Ernährungsbedingungen vor. Die Hautschuppen können erst von den Milben verdaut werden, nachdem sie vorher von dem Schimmelpilz *Aspergillus repens* aufgeschlossen wurden. Als natürliche Fressfeinde der Hausstaubmilben treten die Raubmilbe *Cheyletus* sp. und der Bücherskorpion (*Chelifer cancroides*) auf.

Vorkommen: Hausstaubmilben sind weltweit verbreitet und kommen bis zu einer Höhe von 1.300 m vor. Man findet sie in Bettpölstern, -decken, -matratzen, Polstermöbeln und anderen textilen Unterlagen, wo sie sich, wie erwähnt, von menschlichen und tierischen Hautschuppen ernähren. Weltweit gibt es etwa 150 Arten von Hausstaubmilben. Am häufigsten ist die Art *Dermatophagoides pteronyssinus* vertreten, gefolgt von der Art *Dermatophagoides farinae*. In weniger großen Populationszahlen treten die Arten *Euroglyphus maynei* und *Glycyphagus domesticus* in menschlichen Behausungen auf.

Schadbild: Typischer Hygieneschädling. Die Milben verursachen keine Fraß- und Materialschäden. Die Milben verbreiten durch ihre Mobilität den Schimmelpilz *Aspergillus repens*. Darüber hinaus scheidet eine Milbe im Laufe ihres Lebens etwa das 200-fache ihres Eigengewichtes an Kotpartikeln (Fäzes) aus. Auf 1 g Hausstaub kommen tausende Hausstaubmilben und ein Vielfaches an Kotbällchen. Kotpartikel und Körperproteine der Milben können bei sensibilisierten Menschen zu starken Überempfindlichkeitsreaktionen (Hausstauballergie) führen. Symptome einer Hausstauballergie sind Hautreizungen, Niesanfälle, Schnupfen (verstopfte Nase), tränende und gerötete Augen, Atembeschwerden und Bronchialasthma. Manche allergischen Reaktionen, wie die asthmatischen Symptome können auch lebensbedrohlich werden. Hausstaubmilbenallergiker müssen sich daher unbedingt einer ärztlichen Behandlung unterziehen, in deren Verlauf sie desensibilisiert (Hyposensibilisierung) werden und auch Antihistaminika erhalten.

Vorbeugung: In erster Linie ist in Behausungen dafür zu sorgen, dass die Luftfeuchtigkeit unter einem bestimmten Niveau gehalten wird. Täglich sollte daher regelmäßig stoßgelüftet werden. Vor allem Betten und Matratzen sollten gelüftet werden, um hier die Feuchtigkeit, die auch für das Pilzwachstum nötig ist, zu entziehen. Kopfkissen und Bettdecke sollten häufiger gereinigt werden. Darüber hinaus sollten auch Bettzeugüberzüge häufiger gewechselt und gereinigt werden, wodurch den Milben die Nahrungsgrundlage entzogen wird. Durch regelmäßiges Staubsaugen und Reinigen der Wohnung können die Kotpartikel und Häutungsprodukte der Milben reduziert werden. Personen, die Hausstauballergiker sind, müssen vorbeugend sämtliche textile Materialien, die den Milben als Lebensraum dienen, entfernen. Auch Staubfänger, wie Plüschtiere sollten Allergiker aus ihren Wohnungen entfernen. Für Allergiker gibt es Spezialbettüberzüge, die milbenundurchlässig sind.

Bekämpfung: dieselben Maßnahmen wie unter dem Punkt Vorbeugung beschrieben. Eine chemische Bekämpfung der Hausstaubmilbe ist mit Akariziden möglich. Die Akarizidbehandlung sollte alle 3 Monate wiederholt werden, um einen nachhaltigen Effekt zu erzielen. Eine begleitende Bekämpfung des Pilzes *Aspergillus repens*, den die Milben für die Vorverdauung ihrer Nahrung brauchen, ist mittels Fungiziden möglich.

Kleidermotte
Tineola biselliella

Aussehen: Körperlänge 6–9 mm; Flügelspannweite ca. 12–16 mm; Vorderflügel goldbraun gefärbt mit Fransen am Hinterrand; Hinterflügel sind lanzettenförmig, graugelb gefärbt und weisen ebenfalls einen gefransten Hinterrand auf; der restliche Körper der adulten Motten ist goldbraun gefärbt; Larven (Raupen) erreichen kurz vor der Verpuppung eine maximale Körperlänge von 10 mm und sind weißlich bis gelblich gefärbt.

Biologie: Ein Weibchen legt etwa 100–250 Eier an Stoffen ab, wobei die Eier einzeln und lose abgelegt werden. Die Embryonalentwicklung dauert rund 2 Wochen, wonach die Larven schlüpfen. Bei optimalen Umweltbedingungen (relative Luftfeuchtigkeit von 70 % und Temperaturen zwischen 25 und 30 °C) und ausreichenden Nahrungsressourcen dauert die Larvalentwicklung bis hin zur Verpuppung etwa 2 Monate. Für die Verpuppung baut sich die Raupe eine lange, an beiden Enden offene Gespinströhre, die sie auch bis zur Zeit der Verpuppung mit sich herumträgt. Nach der Metamorphose schlüpfen die adulten Schmetterlinge, die verkümmerte Mundwerkzeuge aufweisen und daher keine Nahrung mehr zu sich nehmen. Die Lebenserwartung der adulten Tiere beträgt etwa 12 bis maximal 18 Tage. Im Durchschnitt treten 2 Generationen pro Jahr auf. Bei entsprechend warmen Sommern können aber auch bis zu 4 Generationen auftreten. Die Raupen besitzen kräftige kauend-beißende Mundwerkzeuge, mit denen sie an verschiedenen Textilien nagen, die ihnen als Nahrung dienen.

Vorkommen: Die Art ist weltweit verbreitet. Man findet sie in menschlichen Behausungen auf Textilien aller Art, wie z. B. keratinhaltigen tierischen Textilfasern, Baumwolle, Jute, zellulosehaltigen Textilfasern, Natur- und Kunstseide sowie vollsynthetischen Textilfasern.

Schadbild: Typischer Materialschädling. Befallene Textilien und Materialien werden durch den Fraß der Raupen durchlöchert. Das Vorhandensein eines Mottenbefalls merkt man durch umherfliegende adulte Schmetterlinge.

Vorbeugung: Kleiderschränke und Lagerräume für Textilien regelmäßig auf Befall kontrollieren. Textilien in Lagerräumen kühl lagern. In Kleiderschränken und Textillagerräumen ist die Einlagerung von Säckchen mit Lavendel oder Kampfer empfehlenswert. Ebenfalls können Zedernholzringe in die Kleiderschränke eingelagert werden. Der Geruch dieser Substanzen vertreibt die Motten. Auch das Einlagern von insektizidhaltigen Mottenkugeln in Kleiderschränken und Textillagerräumen ist eine wirksame Prophylaxe gegen Kleidermotten.

Bekämpfung: Befallene Kleidungsstücke gut ausklopfen und lüften. Eine anschließende Hitzebehandlung der Textilien mit einem Fön oder einem Wäschetrockner tötet etwaige Eier ab. Alternativ können die Textilien auch für 1 bis 2 Tage bei −5 °C tiefgefroren werden, wodurch Eier, Larven- und Puppenstadien abgetötet werden. Einzelne umherfliegende Falter können mit der Fliegenklatsche getötet werden. Befallene Wohnräume sollten zusätzlich mit insektizidhaltigen Sprays eingesprüht werden. Eine regelmäßige Kontrolle ist notwendig, da oftmals nicht alle Entwicklungsstadien abgetötet werden. Eine biologische Bekämpfung mit der Schlupfwespe *Trichogramma evanescens* zeigt gute Erfolge.

Ähnliche Arten: Weitere Material- bzw. Textilschädlinge sind die Pelzmotte (*Tinea pellionella*), die Fellmotte (*Monopis rusticella*) und die Tapetenmotte (*Trichophaga tapetzella*).

Gemeine Stechmücke
Culex pipiens

Aussehen: Körperlänge 3,5–5 mm; Körper zierlich und bräunlich-grau gefärbt; Thorax (Brust) mit feinen Längsstreifen versehen; Abdomen (Hinterleib) mit hellen Querbinden versehen; am Thorax inserieren 3 lange, dünne Beinpaare und ebenfalls ein langes Paar schmaler Flügel; Hinterflügel zu Schwingkölbchen (Halteren), die der Flugstabilisierung dienen, reduziert (typisch für Zweiflügler); die Beine sind fein behaart; Männchen mit lang beborsteten Fühlern; die Palpen der Männchen sind lang und mit feinen Borsten versehen; der Rüssel des Männchens ist nicht zum Stechen geeignet; Weibchen weisen kürzere, beborstete Fühler auf; ebenfalls sind die Palpen kürzer als beim Männchen; zwischen den Palpen inseriert bei den Weibchen ein langer Stechrüssel; im Unterschied zu anderen Stechmückengattungen verläuft der Körper von *Culex pipiens* parallel zur Unterlage; in Ruhelage sind die Hinterbeine nach oben hin abgestreckt; die Larven weisen einen deutlich ausdifferenzierten Kopf auf, an dem kurze Antennen (Fühler) inserieren; der Larvenkörper weist einen verbreiterten Thorax auf; der segmentierte Hinterleib verjüngt sich nach hinten; Larvenkörper mit langen, seitlich gelegenen Borstenbüscheln; am Hinterleibsende inseriert ein langes Atemrohr.

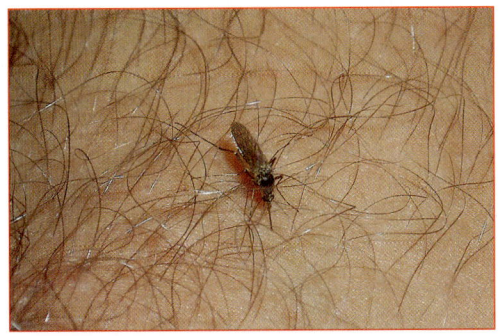

Biologie: Nach einer Blutmahlzeit legt ein Stechmückenweibchen 150–300 gedeckelte Eier in verklebten Gelegen auf die Wasseroberfläche von stehenden Gewässern, wie z. B. Wasser in Regentonnen, Dachrinnen, Pfützen, Tümpeln und Teiche, etc. Die Embryonal- und Larvalentwicklung erfolgt ausschließlich im Wasser. Die Larven hängen mit einem Atemrohr, das vom Hinterende des Abdomens inseriert, an der Wasseroberfläche. Mit Hilfe dieses Atemrohres atmen sie wie durch einen Schnorchel Luft. Die relativ aktiven Puppen der Stechmücken hängen ebenfalls mit ihren Atemhörnern, die am Thorax inserieren und ihnen ein schnorchelartiges Atmen ermöglichen, an der Wasseroberfläche. Die Larven verpuppen sich nach 2–3 Wochen im Wasser. Das Puppenstadium dauert nur wenige Tage. Die adulten Stechmücken schlüpfen an der Wasseroberfläche und beginnen sofort zu schwärmen. Unter günstigen Umweltbedingungen neigt die Art zur Massenvermehrung mit einer entsprechend dichten Generationsfolge.

Vorkommen: Stechmücken sind weltweit verbreitet.

Schadbild: Typischer Lästling und Hygieneschädling. Stechmücken verursachen keinen Fraß- oder Materialschaden. Durch das surrende Fluggeräusch sind sie aber sehr lästig. Die Weibchen nehmen alle 2–3 Tage eine Blutmahlzeit auf, wodurch unangenehme Stichwirkungen auftreten. Die Stichfolgen hängen vom Grad der individuellen allergischen Reaktion ab. In der Regel bilden sich unmittelbar Erytheme und Quaddeln. Im Verlauf von weiteren 24 Stunden tritt eine zentrale Pappel auf, die nach einigen Tagen abheilt. Übertragung von Krankheitserregern, wie Viren, Bakterien, Protisten etc. durch *Culex pipiens* sind

in Mitteleuropa in der Regel kein Problem. In tropischen Regionen fungiert die Gemeine Stechmücke jedoch als Überträger einer Reihe von Krankheitserregern, wie z. B. Würmer, (Filarien) und Arboviren.

Vorbeugung: Anbringen von Insektengittern an Fenstern und Türen, um einen Zuflug zu verhindern. Ebenfalls können Moskitonetze an Betten angebracht werden. Entfernung von stehenden Gewässern (Wasserreservoirs) in Hausnähe (z. B. Regentonnen, Eimer, Regenrinnen etc.).

Bekämpfung: Tümpel und Teiche mit Fischen besetzen, die die Mückenlarvenpopulation dezimieren. Bei Massenvermehrung wird auch immer wieder biologisch mit dem Bakterium *Bacillus thuringiensis israelensis* (BTI-Präparat) bekämpft. Diese Präparate werden mit Hubschraubern als Eisgranulat ausgebracht und schädigen den Verdauungstrakt der Mückenlarven. Ein Nachteil dieser Methode ist, dass auch Nicht-Ziel-Organismen, wie z. B. Zuckmückenlarven (*Chironomidae*) oder Grünalgen abgetötet werden. Eine chemische Bekämpfung der Mückenlarven im Gewässer ist mit Dimilin oder Baythion möglich. Puppenstadien können erfolgreich mit Liparol bekämpft werden. Adulte Stechmücken in Wohnräumen werden mittels Insektensprays erfolgreich bekämpft. Das Anbringen von Elektrogeräten in den Wohnräumen, die den Summton des Männchens imitieren und dadurch die Weibchen vertreiben sollen, ist nicht zu empfehlen. Die Hypothese dahinter ist, dass sich bereits begattete Weibchen nicht noch einmal paaren. Das ist zwar richtig, allerdings nicht, dass sie deswegen aufgrund des Summtons von Männchen bereits flüchten. Diesen können die Weibchen gar nicht wahrnehmen. Ein Kauf solcher Elektrogeräte ist also hinausgeworfenes Geld. Auch die Einnahme von Vitamin B1 verhindert, entgegen landläufiger Meinung, nicht, dass man gestochen wird.

Weitere Arten: In Mitteleuropa kommen vier weitere Gattungen mit insgesamt 44 Stechmückenarten vor: *Aedes* sp., *Culiseta* sp., *Anopheles* sp. *und Mansonia* sp.

Die Anophelesmücken sind als Überträger der Malariaerreger (Plasmodien) bekannt. Durch die Klimaerwärmung ist zu erwarten, dass die Anophelesmücken auch weiter in den Norden vordringen können.

Holzbock
Ixodes ricinus

Aussehen: 2,5–4 mm groß; Weibchen sind meist größer als Männchen; nach einer Blutmahlzeit werden Weibchen bis zu 14 mm lang und nehmen dabei um das 500-fache ihres Gewichtes zu; der Körper ist typisch zweiteilig und rotbraun, gelbbraun oder graubraun gefärbt; Kopf, Mundwerkzeuge und die 4 Beinpaare sind in der Regel dunkler gefärbt als der restliche Körper; der Kopfbereich mit den Mundwerkzeugen wird als Gnathosoma bezeichnet, der restliche Körper als Idiosoma; die Mundwerkzeuge sind spezialisierte Saug- und Stechwerkzeuge und bestehen aus keulenför-

migen Pedipalpen, Cheliceren und einem mit Widerhaken besetzten Saugrohr (Hypostom), mit dem die Zecken Blut saugen.

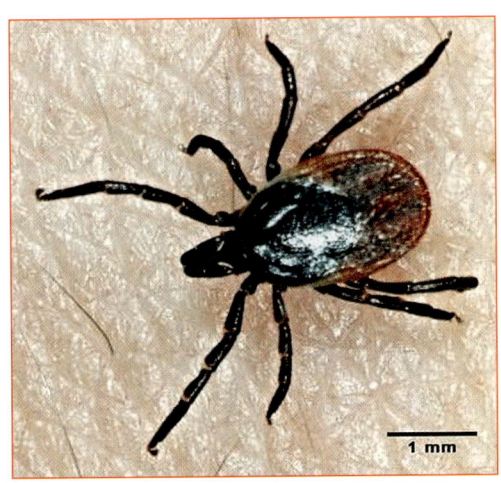

Biologie: Die Weibchen legen nach einer Blutmahlzeit 1.000–3.000 Eier in die Erde ab. Die ersten Larvenstadien, die aus den Eiern ausschlüpfen, besitzen nur 3 Beinpaare; erst die späteren Nymphenstadien besitzen wie die adulten Zecken 4 Beinpaare. Die Entwicklungsdauer vom Ei bis zur adulten Zecke ist temperaturabhängig und beträgt 1–3 Jahre. In jedem Entwicklungsstadium (Larve, Nymphe, adultes Tier) saugt der Holzbock nur einmal Blut von einem geeigneten Wirt. Ihre Wirte finden die Zecken mit Hilfe von speziellen Chemorezeptoren (Haller′sches Organ) im unteren Segment ihres vorderen Beinpaares. Mit Hilfe dieses Chemorezeptors sind die Tiere in der Lage, Stoffe, die die Wirte beim Atmen und Schwitzen ausstoßen, wie z. B. Kohlendioxid, Stickstoff, Butter- und Milchsäure etc., wahrzunehmen und damit einen geeigneten Wirt zu lokalisieren. Streift nun ein vorbeigehender Wirt an Gras oder Laub, an denen ein Holzbock sitzt, lässt sich dieser abstreifen und gelangt so auf den

Wirtsorganismus. Als Wirt dienen den Larven und Nymphen vornehmlich Kleinsäuger (z. B. Mäuse) und Vögel, den adulten Tieren auch größere Säuger inklusive Mensch, an denen sie Blut saugen. Zum Zwecke des Blutsaugens suchen sie eine geeignete, dünne Hautstelle auf. Dort schneidet die Zecke mit ihren Cheliceren ein Loch in die Haut. In dieses führt sie das Hypostom ein, das mit vielen Widerhaken besetzt ist, um ein Herausrutschen zu vermeiden. Nun gibt die Zecke ein Sekret in die Wunde ab, das einerseits gerinnungshemmende Stoffe enthält, um eine Gerinnung des Wirtsblutes zu verhindern, und andererseits entzündungshemmende Stoffe beinhaltet. Die Larven saugen an ihren Wirten für 4–5 Tage. Auf das Larvenstadium folgt das Nymphenstadium, das bereits etwas größer ist. Die Nymphe saugt 3–5 Tage an ihren Wirten. Die dabei gewonnene Energie dient der Weiterentwicklung, wobei keine weiteren Nymphenstadien mehr durchlaufen werden. Larven und Nymphen lassen sich nach dem jeweiligen Saugakt fallen und suchen ein geeignetes Versteck im Boden auf, meist unter Laub, wo sie sich häuten und weiterentwickeln. Während des Winters ruht der Entwicklungsprozess (Ruhepause). Dieser wird erst im darauffolgenden Frühjahr fortgesetzt. Der Saugakt der adulten Tiere dauert bereits etwas länger. Die dabei gewonnene Energie dient der Fortpflanzung. Nach dem Saugakt finden sich ein Weibchen und ein Männchen durch Pheromone (Sexuallockstoffe) zusammen und es kommt zur Paarung. Die Männchen sterben unmittelbar nach diesem Akt, während die Weibchen noch die Eiablage durchführen und erst dann sterben.

Vorkommen: Über Mittel-, Ost- und Nordeuropa, Asien, Nordamerika und Australien verbreitet. In freier Natur saugen sie auf Wild- und Haustieren sowie am Menschen.

In menschlichen Behausungen findet man sie nur auf der Haut von Menschen oder Haustieren. Mit ihren Wirten als Vektoren können sie menschliche Gärten besiedeln.

Schadbild: Typischer Hygieneschädling. An der Stichstelle bildet sich nach Abfallen oder Entfernen der Zecke infolge allergischer Reaktionen auf den Zeckenspeichel eine stark juckende Quaddel mit einem zentralen Nekrosezentrum. Gefährlich kann der Holzbock durch die Übertragung von Borrelien und Arboviren werden. Erfolgt eine Übertragung mit Borrelien (*Borrelia burgdorferi*), kann der Mensch an Lyme-Borreliose erkranken. Die Krankheit verläuft über verschiedene Phasen, die durch charakteristische Symptome gekennzeichnet sind. In der ersten Phase kommt es bei 60–80 % der infizierten Menschen im Bereich der Stichwunde zu einer wandernden Hautrötung (*Erythema chronicum migrans*). Während dieser Phase fühlen sich erkrankte Menschen matt, haben Gliederschmerzen, Lymphknotenschwellungen oder grippeartige Symptome. Etwa 6 Wochen nach der bakteriellen Infektion kommt es zur 2. Phase der Erkrankung, die durch Symptome, wie partielle Lähmungen, Polyarthritis, Herzbeutel- und Nervenentzündungen sowie durch Herzrhythmusstörungen, die auch lebensbedrohend sein können, gekennzeichnet ist. Leitsymptome während dieser Erkrankungsphase sind Lähmungen eines Gesichtsnervs (Fazialisparese) oder radikuläre Schmerzen. Während der dritten Erkrankungsphase, die etwa zwei Jahre nach der Infektion erfolgt, kommt es zu syphilisähnlichen, multiple-sklerose-ähnlichen Veränderungen des Gehirns. Sollten nach einem Zeckenbefall entsprechende Symptome auftreten, sollte rasch ein Arzt aufgesucht werden, damit bei einer eventuellen Borrelieninfektion so rasch wie möglich mit der Behandlung begonnen werden kann.

Mit den Zecken übertragene Arboviren sind die Erreger der Fühsommer-Meningo-Encephalitis (FSME). Arboviren kommen in Nagetieren vor und werden mit dem Blutsaugakt von den Zecken aufgenommen. Beim nächsten Saugakt können diese Viren dann auf den Menschen übertragen werden und dort zu einer FSME-Erkrankung führen. Mit den Nagetieren haben sich die Arboviren von Ostrussland über ganz Europa ausgebreitet. FSME-Risikogebiete sind vor allem Ostschweden, Polen, Österreich (vor allem Kärnten), der Bayrische und Thüringer Wald, die Ostseeküste, Mecklenburg und andere lokale Gebiete. Je nach Zeckengebiet ist jede 20. bis 500. Zecke mit dem Arbovirus infiziert. Die Viren werden von den Zecken auf die Nachkommen übertragen, wodurch das Infektionspotenzial in der Nachkommenschaft der Zecken bestehen bleibt. Eine FSME-Erkrankung zeigt folgende charakteristische Symptome: Die Inkubationszeit (Zeit von der Infektion bis zum Ausbruch der Krankheit) dauert 2–28 Tage und verläuft symptomlos. Danach kommt es zur ersten Erkrankungsphase, die 1–8 Tage dauert und durch erhöhte Temperatur (Fieber), Müdigkeit, Kopf- und Gliederschmerzen, Halsentzündungen, Appetitlosigkeit und Übelkeit charakterisiert ist. Auf diese Erkrankungsphase folgt ein symptom- und fieberfreies Intervall, das 1–20 Tage dauern kann. Danach erfolgt die 2. Erkrankungsphase, die durch das Eindringen der Viren ins Gehirn hervorgerufen wird. Diese Erkrankungsphase ist durch schwere Symptome, wie Lichtempfindlichkeit, Sehunschärfe, extreme Nackenverspannungen, hohes Fieber (über 40 °C), Brechreiz, Lähmungserscheinungen und Herzrhythmusstörungen, gekennzeichnet. Während dieser Erkrankungsphase müssen infizierte Personen im Krankenhaus behandelt werden. Da die Krankheit schwer medikamentös zu behandeln ist, werden aus medizinischer Sicht prophylaktische aktive und passive Schutzimpfungen empfohlen.

Vorbeugung: Personen, die sich in freier Natur aufhalten, können vorbeugend Repellentien, wie Autan oder Detia, auf die Haut bzw. Kleidung auftragen. Nach dem Aufenthalt im Freien sollte man den Körper auf Zeckenbefall absuchen. Man kann die Zecken oft bereits entfernen, bevor sie sich mit ihren Mundwerkzeugen in die Haut eingebohrt haben. In Wohnungen und Häusern vermehrt sich der Holzbock nicht, so dass keine Gefahr der Einschleppung seitens der Haustiere oder des Menschen gegeben ist. In Gärten werden die Zecken häufig durch Kleinsäuger und Vögel eingeschleppt. Es empfiehlt sich daher, einen kniehohen, engmaschigen Draht am Gartenzaun anzubringen und etwas im Boden einzugraben. Haustiere, wie Hunde oder Katzen, können ebenfalls an Borelliose erkranken. Daher sollten diese prophylaktisch geschützt werden. Es empfiehlt sich das Anbringen von Ungeziefer-Halsbändern, mit denen allerdings keine Kleinkinder in Berührung kommen dürfen. Auch sollten die Haustiere regelmäßig auf Zeckenbefall abgesucht werden.

Bekämpfung: Eine bereits eingebohrte Zecke entfernt man am besten mit einer Zeckenzange bzw. einer vorn spitz zulaufenden Pinzette. Diese wird dabei an den in der Haut steckenden Mundwerkzeugen angesetzt, und durch

Rüttelbewegungen wird der Holzbock herausgezogen. Eine Quetschung des Zeckenkörpers sollte vermieden werden, da dadurch erst recht Krankheitserreger, wie Borrelien oder Arboviren in die Stichwunde entlassen werden können. Das ist auch der Grund, warum man Zecken nicht mit Öl, Vaseline etc. vorher betäuben sollte, da das auch zu einer Erschlaffung des Zeckenkörpers führt, wodurch Krankheitserreger vermehrt in die Stichwunde gelangen können.

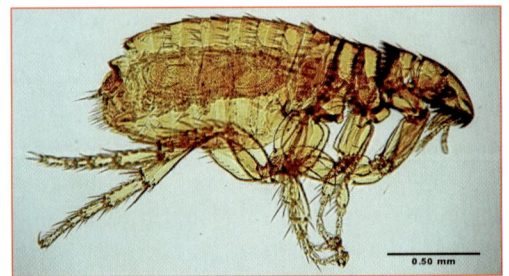

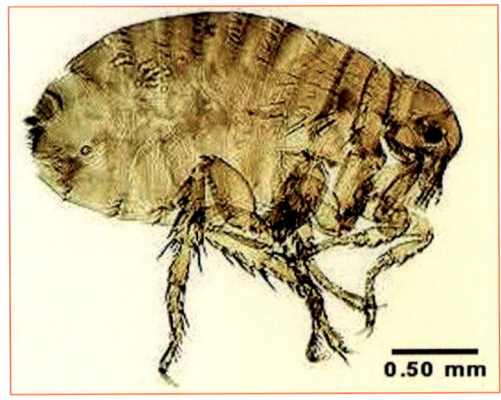

Flöhe
Siphonaptera

Aussehen: Je nach Art 1,5–4,5 mm groß; Körper seitlich stark abgeflacht und braun bis rot-braun gefärbt; die Körperhülle besteht aus einem harten Chitinpanzer; Flöhe sind flügellos und besitzen 3 Beinpaare, wobei das hintere Beinpaar kräftige Sprungbeine, mit denen sie Sprünge bis zu 1 m vollführen können, sind. Diese Schnellbewegung der Hinterbeine, die als eine der stärksten im gesamten Tierreich gilt, können die Tiere mit Hilfe des elastischen Proteins Resilin, welches vor dem Sprung wie ein Bogen gespannt werden kann, erreichen; am Körper befinden sich nach hinten gerichtete Kämme (Ctenidien) und Borsten, die es den Tieren erlauben, sich gut am Wirtstier zu verankern; am Kopf befinden sich ein Paar einlinsige Punktaugen; die Mundwerkzeuge sind spezialisierte Stech- und Saugwerkzeuge; Flohlarven sind wurmartig, aug- und fußlos (apod); der bis 6 mm lange Larvenkörper ist mit Borsten besetzt.

Biologie: Flöhe sind Parasiten. 94 % der Floharten parasitieren an Säugetieren und 6 % an Vögeln. Flöhe pflanzen sich das ganze Jahr über fort. Ein Flohweibchen legt relativ große Eipakete mit rund 10 Eiern ab. Im Laufe ihres Lebens kann ein Weibchen bis zu 400 Eier ablegen. Die nach 2–10 Tagen schlüpfenden Larven halten sich in der Regel gut versteckt im Bereich der Rast- und Ruheplätze des jeweiligen Wirtes (z. B. Nest) auf. Die Larven ernähren sich von organischem Material und von Ausscheidungen der adulten Flöhe. Die Larvalentwicklung dauert rund 2–4 Wochen, wobei 3 Larvenstadien durchlaufen werden. Während dieser Entwicklungsphase häutet sich die Larve zweimal. Am Ende des letzten Larvenstadiums erfolgt die Verpuppung. Die Metamorphose während des Puppenstadiums ist nach 1–2 Wochen abgeschlossen. Das Schlüpfen aus der Puppe wird durch Vibrationen (Außenreize) ausgelöst, wodurch gewährleistet ist, dass die adulten Tiere ein Wirtstier finden. Das ist auch die Erklärung, warum es beim Bezug von lange leerstehenden Wohnungen manchmal zu einer relativ raschen Massenvermehrung von Flöhen kommt. Diese haben dort im Puppenstadium verharrt. Die adulten Flöhe können rund 1,5 Jahre alt werden. Nach ihrem Verhalten teilt man Flöhe in Nest- und Pelzflöhe ein. Nestflöhe halten sich in der Nähe der Ruhestätte ihres Wirtes auf und suchen diesen nur zur Nahrungsaufnahme auf. Zu den Nestflöhen zählt z. B. der Menschenfloh (*Pulex irritans*), der sich nur zum Blutsaugen auf den meist schlafenden Menschen begibt und sich tagsüber in dunklen Ritzen in der Nähe des Bettes versteckt. Pelzflöhe hingegen verbleiben auf ihrem Wirt und lassen sich von diesem auch transportieren.

Vorkommen: Flöhe sind weltweit verbreitet. In freier Natur findet man sie in Nestern und Behausungen ihrer Wirtstiere oder an ihren Wirtstieren. Folgende Floharten spielen in menschlichen Behausungen eine Rolle: Der Katzenfloh (*Ctenocephalides felis*) ist die häufigste Art in menschlichen Behausungen. Er hält sich vor allem in der Nähe der Katzenruhestätten auf und kann auch andere Wirte, wie z. B. Hund oder Mensch, befallen. Der Hundefloh (*Ctenocephalides canis*) befällt vor allem hundeartige Wirte. Der Menschenfloh (*Pulex irritans*) ist selten, aber noch nicht ausgestorben. Taubenflöhe (*Ceratophyllus columbae*) kommen oft auf Dachböden in Taubennestern vor. Hunde, die vom Auslauf zurückkehren, sind manchmal von Igelflöhen (*Archaeopsylla erinacei*) befallen. Der Hund ist für diese Flohart jedoch ein Fehlwirt und wird bald wieder verlassen. Der Hühnerfloh (*Ce-

ratophyllus gallinae) kommt in Nestern von Hühnern vor und kann auch in die Wohnung oder das Haus verschleppt werden.

Schadbild: Typischer Hygieneschädling. Flöhe sind Blutsauger und stechen mehrmals in einer Reihe. Mit dem Speichelsekret werden gerinnungshemmende Stoffe abgegeben, die eine Blutgerinnung verhindern und zu allergischen Reaktionen führen können. An den Einstichstellen kommt es zunächst zur Bildung eines juckenden Erythems mit oder ohne Quaddel. Nach 12–24 Stunden erscheint eine Pappel, die bis zu 2 Wochen erhalten bleiben kann. Eine weitaus größere Bedeutung kommt den Flöhen allerdings als Überträger von Krankheitserregern zu. Hunde- und Katzenflöhe sind z. B. Zwischenwirte des Bandwurms *Dipylidium caninum*, der auch auf den Menschen übertragen werden kann. Darüber hinaus fungieren Flöhe als Überträger von Viren und Bakterien (Staphylokokken). Menschen-, Ratten- und Pestflöhe (*Xenopsylla cheopis*) z. B. können das Bakterium *Yersinia pestis*, das der Erreger der Beulenpest ist, übertragen.

Vorbeugung: Potentielle Ritzen, die als Brutstätten dienen können, sollten versiegelt werden. Haustierlagerstätten sollten regelmäßig gesäubert werden, vor allem, wenn die Haustiere regelmäßig ins Freie dürfen. Die Haustiere können mit Ungezieferhalsbändern vorbeugend geschützt werden. Alte Vogelnester in Fensternähe sollten entfernt werden.

Bekämpfung: Eventuell vorkommende Mäuse und Ratten sollten bekämpft werden, da auch sie als Vektoren für Flöhe fungieren. Chemisch können Flöhe mit Insektiziden bekämpft werden. Bei einer Haustierbehandlung werden die Insektizide als Pulver, Spray oder Shampoo auf das Fell aufgebracht. Nach kurzer Einwirkzeit müssen diese Präparate gründlich vom Haustier abgespült werden. Begleitend zu einer Flohbehandlung sollte bei den Haustieren auch eine Wurmkur durchgeführt werden. Auch Haustierlagerstätten und Bettkasten können mit denselben Insektiziden erfolgreich behandelt werden. Beim Menschen reicht ausreichende Hygiene. Stichwunden können mit Antihistaminika behandelt werden.

Hausholzbockkäfer
Hylotrupes bajulus

Aussehen: Männchen 7–16 mm, Weibchen 10–22 mm; Körper schwarzbraun bis schwarz gefärbt; der Körper ist mit feinen grauen Härchen besetzt; die Körperfärbung variiert beträchtlich zwischen den einzelnen Individuen; die Flügeldecken (Elytren) sind mit 2 hellen Haarbinden versehen; die Fühler und Beine sind oft heller als der restliche Körper; der Halsschild ist abgerundet und mit zwei dunklen Schwielen versehen; der Kopf ist etwas schmäler als der Halsschild; die Augen sind an der Insertionsstelle der Fühler ausgerandet; die Fühler sind für einen Bockkäfer relativ kurz und gegliedert; der Körper ist dorsoventral etwas abgeflacht; die bis zu 22 mm langen Larven sind elfenbeinfarbig, beinlos (apod) und haben einen schwarzbraunen, sklerotisierten Kopf; am Kopf befinden sich kräftig kauend-beißende Mundwerkzeuge (Mandibeln) und 3 kleine Punktaugen; der Larven-

körper ist im Thoraxbereich am breitesten und verjüngt sich nach hinten.

Biologie: Adulte Käfer werden 3–4 Wochen alt und nehmen keine Nahrung mehr zu sich. Ihr Daseinszweck konzentriert sich rein auf die Fortpflanzung. Ein Hausholzbockkäferweibchen legt nach der Paarung im Sommer (Juli und August) mit Hilfe eines langen Legestachels rund 200–400 Eier vorwiegend in schmale Spalten und Risse von toten Koniferen (auch nichtimprägniertes Bauholz). Im Laufe ihres 3–4-wöchigen Erwachsenenlebens kann ein Weibchen bis zu 1.000 Eier ablegen. Nach der Eiablage sterben die Weibchen, die Männchen verenden meistens schon nach dem Begattungsakt (Kopula) Nach 2–3 Wochen Embryonalentwicklungszeit schlüpfen die Larven, die größer werdende Gänge (bis 12 mm Durchmesser) in das Totholz nagen. Den Larvenfraß kann man an charakteristischen raspelnden Fraßgeräuschen erkennen. Unter optimalen Umweltbedingungen (30 °C und 30 % Holzfeuchte) dauert die Larvalentwicklung rund 2 Jahre. Unter ungünstigen Bedingungen kann die Entwicklungsdauer bis zu 18 Jahren verlängert werden. Im letzten Larvenstadium legt die Larve eine Puppenwiege knapp unter der Holzoberfläche an, wo sich die Larve verpuppt. Nach der Metamorphose schlüpft der adulte Käfer, der die Puppenwiege über ein rund 3 x 7 mm großes Ausflugloch verlässt.

Vorkommen: In der gesamten Paläarktis (Europa, Asien) verbreitet. Durch den weltweiten Holzhandel wurde die Art auch nach Nordamerika, Südafrika und Australien verschleppt. Man findet sie in menschlichen Behausungen in trockenem, nicht imprägniertem Bauholz, vor allem in Dachstühlen.

Schadbild: Das Bauholz wird durch den Larvenfraß in seiner Substanz geschädigt. Die Larven fressen bis zu 12 mm dicke, querovale Gänge in das Holz. Die Larvengänge sind mit Nagemehl und walzenförmigem Kot gefüllt. An der Holzoberfläche ist oft nur noch eine papierdünne Holzschicht vorhanden. Da der Befall oft erst nach Jahren an den Ausfluglöchern entdeckt wird, kann der Schaden an der Bausubstanz beträchtlich sein. Holzbalken sind oft weitgehend ausgehöhlt, was im Falle eines Sturmes auch zum Einsturz des Dachbodens führen kann.

Vorbeugung: Neue Bauhölzer sollten nur nach entsprechender Insektizidvorbehandlung, wie in nationalen Normen (ÖNORM, DIN) festgelegt, verwendet werden.

Bekämpfung: Eine direkte Insektizidbekämpfung der im Holz minierenden Larven ist schwierig, da die Bohrgänge durch Bohrmehl, Sekrete und Kot versiegelt sind, so dass das Insektizid oft nicht weit genug vordringt. Daher wird eine Hitzebehandlung des befallenen Bauholzes angewendet, durch die die Larven abgetötet werden. Dabei wird das Holz für etwa 1/2 Stunde auf rund 60 °C erhitzt. Um einen Neubefall zu verhindern, sollte das Bauholz anschlie-

ßend mit Kontaktinsektiziden behandelt werden. Auch eine Gasbehandlung mit Blausäure oder Methylbromid ist eine wirksame Bekämpfungsmethode. Aufgrund der schwerwiegenden Folgeschäden, die ein Hausholzbockkäferbefall nach sich ziehen kann, sollte eine Bekämpfung in jedem Fall durch konzessionierte Schädlingsbekämpfungsfirmen erfolgen.

Nage-, Poch-, Klopfkäfer
Anobiidae

In Mitteleuropa kommen von dieser Familie rund 76 Arten vor, die typische Holzschädlinge sind.

Aussehen: Je nach Art 1,5–6 mm groß; allen Arten gemeinsam ist, dass sie den Kopf unter den Halsschild einziehen können, so dass es bei Aufsicht aussieht, als ob der Halsschild kapuzenförmig über den Kopf gezogen ist; der Körper ist zylindrisch und die Flügeldecken (Elytren) bedecken den ganzen Hinterleib; die Fühler sind lang und gegliedert und weisen keine Endkeule auf; die Larven, die auch als „Holzwürmer" bezeichnet werden, sind bauchwärts gekrümmt und weisen 3 Brustbeinpaare auf; sie haben einen deutlich ausdifferenzierten, dunkler gefärbten Kopf, an denen kräftige kauend-beißende Mundwerkzeuge (Mandibeln) inserieren.

Trotzkopf (Arabium Pertinax)

Schadbild

Biologie: Zur Paarungsfindung pochen die adulten Käfer mit dem Körpervorderende gegen die Bohrgangwände. Diese Geräusche können gut gehört werden und haben den Käfern auch ihre umgangssprachlichen Namen, wie Totenuhr, Klopfgewissen oder Holzgeist, verliehen. Nach der erfolgreichen Befruchtung legen die Weibchen ihre Eier in Risse und Spalten von verbautem Holz ab. Die nach 3–4 Wochen ausschlüpfenden Larven beginnen mit ihrer minierenden Fraßtätigkeit. Die Larvalentwicklungszeit hängt stark von den Umweltbedingungen ab und dauert 1–8 Jahre. Die Larven benötigen eine Holzfeuchtigkeit von mindestens 10 %, optimal sind jedoch 50 %. Das letzte Larvenstadium verpuppt sich und es findet die Metamorphose zum adulten Käfer statt. Die adulten Weibchen verlassen die Bohrgänge, indem sie Ausflugslöcher bohren, deren Größe und Form artspezifisch ist und zwischen 1,5–5 mm schwankt.

Vorkommen: Nagekäfer sind weltweit verbreitet. Man findet sie an Bauholz (Laub- und Nadelholz) in Wohnungen und Häusern, wo sie auch ganzjährig aktiv sind.

Schadbild: Durch den Minierfraß der Larven können wertvolle Holzgegenstände (Skulpturen, Holzmöbel) vollständig zerstört wer-

den. Tragende Bauhölzer können so weit ausgehöhlt werden, dass sie zum Einsturz kommen.

Vorbeugung: Neue Bauhölzer sollten nur nach entsprechender Insektizidvorbehandlung, wie in nationalen Normen (ÖNORM, DIN) festgelegt, verwendet werden.

Bekämpfung: Eine direkte Insektizidbekämpfung der im Holz minierenden Larven ist schwierig, da die Bohrgänge durch Bohrmehl, Sekrete und Kot versiegelt sind, so dass das Insektizid oft nicht weit genug vordringt. Daher wird eine Hitzebehandlung des Befallenen Bauholzes angewendet, mit der die Larven abgetötet werden. Dabei wird das Holz für etwa 1/2 Stunde auf rund 60 °C erhitzt. Um einen Neubefall zu verhindern, sollte das Bauholz anschließend mit Kontaktinsektiziden behandelt werden. Auch eine Gasbehandlung mit Blausäure oder Methylbromid ist eine wirksame Bekämpfungsmethode. Aufgrund der schwerwiegenden Folgeschäden, die ein Nagekäferbefall nach sich ziehen kann, sollte eine Bekämpfung in jedem Fall durch konzessionierte Schädlingsbekämpfungsfirmen erfolgen.

Wichtige Nagekäferarten: Gemeiner Nagekäfer = Totenuhr (*Anobium punctatum*), 3–4 mm, in Laubholz; Trotzkopf (*Anobium pertinax*), 4–5 mm, in Kiefernholz; Scheckiger Pochkäfer (*Xestobium rufovillosum*), 5–6 mm, in Eichenholz; Fichtenzapfenklopfkäfer (*Ernobius abietis*), 3–4 mm; Brotkäfer (*Stegobium paniceum*), 1,75–4 mm.

Holzwespe
Siricidae

Holzwespen gehören zu den Hautflüglern (*Hymenopteren*).

Aussehen: Der Holzwespenkörper ist typisch 3-gliedrig und besteht aus einem Kopf-, Brust- und Hinterleibsbereich; im Thoraxbereich inserieren 2 Paar Hautflügel; an der Grenze zwischen Brust und Hinterleib gibt es keine Einschnürung, wie bei den Wespenartigen üblich, sondern der Brustbereich geht ohne besondere Abgrenzung in den Hinterleibsbereich über; Kopf, Brust und Teile des Hinterleibs sind schwarz gefärbt; Fühler, Beine und Teile des Hinterleibs sind gelb; bei den Weibchen inseriert am Ende des Hinterleibs ein langer Legestachel (Ovipositor), der ihnen ein furchteinflößendes Aussehen verleiht; die Holzwespen besitzen jedoch keinen Giftstachel und sind daher für den Menschen harmlos.

Biologie: Die Weibchen legen ihre Eier im Juni bis September mit Hilfe ihres langen Legestachels in die Rinde von Bäumen. Mit jedem Stich, der einige Minuten dauert, legt ein Weibchen rund 1–8 Eier ins Holz ab. Die Gesamteiablage beträgt 250–350 Stück. Die Larvalentwicklung dauert zwischen 2–4 Jahre, kann aber unter ungünstigen Umweltbedingungen auch länger dauern. Die Generationsdauer variiert von 1-jährig bis 2- bis 4-jährig. Im Holz legen die Larven einen weiter werdenden, bogenförmigen, bis zu 20 cm langen Gang, der mit Fraßmehl fest verstopft wird. Die Larve lebt in Symbiose mit holzzerstörenden Pilzen (Hymenomyceten), von denen sie sich auch ernährt. Das letzte Larvenstadium verpuppt sich in einem Puppenlager, das am Ende des Bohrganges, meist dicht unter der Holzoberfläche angelegt wird. Die geschlüpfte Jungwespe nagt sich durch ein kreisrundes Loch nach außen.

Schadbild: Holzwespen verursachen einen technischen Schaden sowohl an kränkelnden stehenden Bäumen als auch an gefälltem, noch im Saft stehenden Holz. Wird so ein befallenes Holz als Bauholz verwendet, kann es zu Schäden an der Bausubstanz kommen. Ein direkter Befall von abgelagertem, getrocknetem Bauholz erfolgt aber in der Regel nicht, so dass die Holzwespen als Schädlinge im Wohnbereich des Menschen eher eine geringere Rolle spielen.

Vorbeugung: Es werden dieselben Vorbeugungsmaßnahmen empfohlen, die beim Hausholzbockkäfer oder den Nagekäfern beschrieben sind.

Bekämpfung: Es werden dieselben Bekämpfungsmaßnahmen empfohlen, die beim Hausholzbockkäfer oder den Nagekäfern beschrieben sind.

Kellerassel
Porcellio scaber

Kellerasseln sind Landasseln und zählen zu den Krebstieren und nicht, wie landläufig oft angenommen, zu den Insekten.

Aussehen: 11–16 mm groß; Körper schwarz bis schiefergrau gefärbt; Rücken bei manchen Individuen mit regelmäßig angeordneten hellen Muskelansatzstellen oder mit unregelmäßiger rötlicher oder ockergelber Marmorierung; vereinzelt treten auch ganz weiße Individuen auf; die Haut ist gekörnelt; die Körperform flach und oval; der Cephalothorax (Kopf-Brust-Einheit bei Krebstieren) weist auf seiner Oberfläche Höcker auf; Kopf mit 2 Paar Fühlern; Fühlergeißel mit 2 Gliedern; sie besitzen 7 Beinpaare.

Biologie: Ein Kellerasselweibchen betreibt insofern Brutpflege, als es seine befruchteten Eier und auch noch die frisch geschlüpften Jungasseln in einer flüssigkeitsgefüllten Tasche auf dem Bauch mit sich herumträgt. Die Jungtiere sind zunächst noch gänzlich weiß. Nach 3 Monaten erreichen sie das Erwachsenenalter, wobei sie sich in dieser Zeit mehrmals häuteten. Asseln ernähren sich in erster Linie von verfaulendem, organischem Material pflanzlicher Herkunft.

Vorkommen: Ursprünglich stammt die Art aus Westeuropa. Heute ist sie nahezu weltweit verbreitet. Man findet sie in feuchten Habitaten, wie der Laub- und Krautschicht von Wäldern und Wiesen, an Gewässerufern und in Gärten (vor allem in Komposthaufen). In menschlichen Behausungen findet man sie häufig in feuchten Kellern oder in Badezimmern.

Schadbild: Typischer Lästling und teilweise Vorratschädling. Asseln richten kaum Schaden an. Viele Menschen ekeln sich aber vor diesen kleinen Krebstieren und empfinden sie als lästig. Gelegentlich werden Asseln durch den Fraß an pflanzlichen Vorräten, wie z. B. Kartoffeln, Rüben, Äpfeln etc. schädlich.

Vorbeugung: Kellerräume – wenn möglich – regelmäßig lüften, damit die Feuchtigkeit entzogen wird. Diverse Versteckmöglichkeiten sollten beseitigt werden. Im Bad sollte man nach dem Baden oder Duschen dafür Sorge tragen, dass die Wände und der Fußboden trocken sind.

Bekämpfung: Eine echte Bekämpfung im Sinne von Vernichtung der Kellerasseln ist nicht notwendig. Man kann aber Methoden anwenden, um die Kellerasseln aus dem Haus zu entfernen. Eine Methode besteht darin, dass man Blumentöpfe mit feuchtem Moos, feuchter Holzwolle und Kartoffelresten anfüllt. Man stellt sie nun mit der Öffnung gegen eine Wand. Die Kellerasseln werden dadurch angelockt und können mit dem Topf aus dem Haus transportiert werden. Eine alternative Methode besteht darin, dass man faulige halbierte Kartoffeln an strategischen Plätzen auslegt. Die Kellerasseln suchen diese Köder auf und fressen sich in deren Inneres. Nun kann man diese absammeln und so die Asseln aus dem Haus transportieren.

Rote Vogelmilbe
Dermanyssus gallinae

Aussehen: Männchen rund 0,7 mm groß; Weibchen rund 1,1 mm, nach Blutmahlzeiten werden die Weibchen bis zu 2 mm groß; die Männchen sind weißlich bis grau gefärbt; die Weibchen erscheinen nach der Nahrungsaufnahme rot oder grauschwarz; der Körperbau ist eiförmig; Larven und Nymphen sind weißlich bis grau gefärbt.

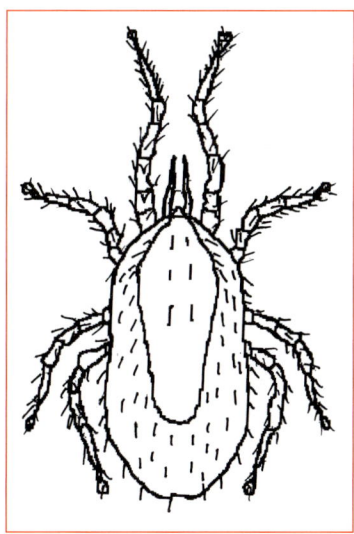

Biologie: Ein Weibchen legt etwa 40 Eier ab. Aus den Eiern schlüpfen nach 2–6 Tagen 6-beinige Larven. Diese häuten sich binnen 24 Stunden nach der ersten Nahrungsaufnahme und entwickeln sich zur bereits achtbei-

nigen Protonymphe weiter. Sie sucht einen Wirtsorganismus (Vögel) auf und beginnt, Blut zu saugen. Anschließend häutet sie sich zur sog. Deutonymphe, die ebenfalls wieder eine Blutmahlzeit zu sich nimmt und sich dann nach einer weiteren Häutung zur adulten Milbe weiterentwickelt. Der gesamte Entwicklungszyklus von der Larve bis zur adulten Milbe ist temperaturabhängig und dauert 2–7 Tage. Die adulten Milben sind sehr aktiv und bewegen sich relativ schnell. Sie haben eine Lebenserwartung von 2–3 Monaten.

Vorkommen: Man findet die Rote Vogelmilbe in Tauben- und Hühnerställen sowie in Vogelnestern. In Wohnungen und Häuser können sie eindringen, wenn in Fensternähe Vogelnester sind.

Schadbild: Typischer Hygieneschädling. Für Geflügelzüchter kann ein Befall mit der Roten Vogelmilbe einen beträchtlichen wirtschaftlichen Schaden bedeuten, da Küken und Jungvögel durch die ständige Blutabnahme bereits bei mäßigem Befall sterben können. Durch die Schwächung der Vögel wird auch die Mast- und Legeleistung beeinträchtigt. Darüber hinaus werden beim Saugakt auch Krankheitserreger, wie Protisten, Viren und Bakterien, übertragen. Beispielsweise können durch die Rote Vogelmilbe die Erreger der Geflügelpest oder -cholera übertragen werden. Bei den befallenen Vögeln kommt es an den Einstichstellen zu Entzündungen und lang andauerndem Juckreiz, was die Vögel veranlasst, sich ständig zu kratzen. Im weiteren Verlauf schwillt die entzündete Hautstelle stark an und es können sich einzelne Hautpartien lösen. Wenn für die Vogelmilbe nicht ausreichend Vögel als Wirte zur Verfügung stehen, befällt sie auch Säugetiere, inklusive dem Menschen. Auch beim

Menschen entsteht um die Einstichstelle eine Pustel mit zentraler, punktförmiger Hämorrhagie. Hier ist ein ständiger Juckreiz vorhanden. Durch Kratzen können flächige Exantheme entstehen.

Vorbeugung: Die Entfernung von Vogelnestern in Fensternähe von Wohnungen oder Häusern verhindert ein Eindringen der Roten Vogelmilbe von diesen Quellen. Hühnerställe und Volieren regelmäßig reinigen. Ritzen, die den Milben als Unterschlupf dienen, sollten versiegelt werden.

Bekämpfung: Bei starkem Befall empfiehlt sich eine Behandlung der Stallungen und des Vogelgefieders mit Kontaktinsektiziden. Eine derartige Behandlung sollte nach 2–3 Wochen wiederholt werden. Einstichstellen an der Haut können mit Salben (Antibiotika) behandelt werden.

Hausmaus
Mus musculus

Aussehen: Kopf-Rumpf-Länge 7–11 cm, Schwanzlänge 7–10 cm; Gewicht rund 20–25 g; Körper oberseits grau bis braungrau gefärbt; die Bauchseite ist hellbraun oder weißlich gefärbt; der lange Schwanz ist mit Schuppenringen versehen und spärlich behaart; Jungtiere sind nach der Geburt nackt, blind und rosa gefärbt.

Biologie: Nach einer Tragzeit von 19–22 Tagen bringt ein Hausmausweibchen zwischen 4 und 8 Junge zur Welt. Diese sind bei der Geburt noch nackt, blind und unpigmentiert. Nach 10 Tagen wird der Körper mit einem weichen Flaum aus kurzen Haaren überzogen. Rund 15 Tage nach der Geburt öffnen die Jungtiere die Augen. Nach 21 Tagen werden sie von der Mutter entwöhnt. Bereits im Alter von 6 Wochen sind sie geschlechtsreif. Bei günstigen Umweltbedingungen, die in der Regel in der Umgebung des Menschen gegeben sind, pflanzen sich die Hausmäuse über das ganze Jahr fort, d. h. ein Weibchen gebiert 4–6 mal pro Jahr. Hausmäuse sind dämmerungs- und nachtaktiv und weisen ein ausgeprägtes Territorialverhalten auf. Mäuse sind Allesfresser, bevorzugen aber körnige Nahrungsmittel.

Vorkommen: Man findet die Hausmaus sowohl in Gebäuden aller Art als auch im Freien. Vor allem von Lagerräumen und Stallungen ausgehend, wandert sie regelmäßig in menschliche Behausungen ein. Feldpopulationen ziehen sich im Winter in Gebäude und Scheunen, auf Dachböden und Heizungsschächte zurück.

Schadbild: Typischer Vorrats- und Hygieneschädling. In Lebensmittelbetrieben, Supermärkten, Getreidelagern sowie in Hotel- und Gastronomiebetrieben können Hausmäuse einen großen wirtschaftlichen Schaden anrichten, da sie Nahrungsmittel aller Art (Allesfresser) verzehren und verunreinigen. Auch in Privathaushalten fällt die Hausmaus immer wieder in Lagerkammern und -schränke ein. Sie ist auch Überträger einer Reihe von Krankheitserregern und Parasiten. So fungiert sie unter anderem als Überträger der Leptospirose (Weil'sche Krankheit), von Salmonellen, Viren und Parasiten wie Milben und Flöhe.

Vorbeugung: Lebensmittel sollten in gut verschließbaren Gefäßen aufbewahrt werden. Schlupflöcher und Nestbaumöglichkeiten sollten beseitigt werden, indem man diese versiegelt. Zugangswege können durch Anbringen von engmaschigen Mäusegittern versperrt werden (z. B. an Fenstern, Lüftungsschächten, Abwasserkanälen, Dachrinnen etc.). Abfälle sollten soweit wie möglich geruchssicher gelagert werden.

Bekämpfung: Katzen als Haustiere helfen die Mauspopulation zu minimieren. Mechanisch werden Hausmäuse durch das Aufstellen von Schlagfallen (Mäusefallen) bekämpft, die an strategischen Positionen, wie z. B. vor Schlupflöchern oder Wanderrouten, aufgestellt werden. Als Attraktor wird ein Nahrungsstück (z. B. Käse) an der Schlagfalle angebracht. Mäusefallen müssen regelmäßig kontrolliert und tote Mäuse entfernt werden, da diese sonst als Brutstätte für Fliegen und andere Insekten dienen. Zusätzlich können auch Fraßköder

mit Vitamin D ausgelegt werden, die nachrund 3 Tagen zum Tod des Tieres führen. Von Bekämpfungsmaßnahmen, wie dem Einsatz von Vergrämungsmitteln (Mixturen aus ätherischen Ölen), Elektroverdampfern und Ultraschallgeräten, ist abzuraten, da diese wirkungslos sind. Bei Massenauftreten sollte eine Hausmausbekämpfung durch konzessionierte Schädlingsbekämpfungsunternehmen durchgeführt werden.

Wanderratte
Rattus norvegicus

Aussehen: Kopf-Rumpf-Länge 21–28 cm, Schwanzlänge 17–25 cm; Gewicht 250–550 g; Körper oberseits und seitlich braungrau und bauchseits grauweiß gefärbt; der Schwanz ist mit Schuppenringen besetzt; die Ohren sind im Vergleich zur Hausratte (*Rattus rattus*) klein und rundlich; Jungtiere sind nach der Geburt noch blind und nackt.

Biologie: Die Wanderratte ist ein sehr soziales, anpassungs- und lernfähiges Tier. Sie ist hauptsächlich dämmerungs- und nachtaktiv, kann aber auch Tagesaktivität zeigen. Die

Wanderratte lebt in Rudeln von 50–250 Tieren, die zumeist aus einem Männchen und mehreren Weibchen und Jungtieren bestehen. Angehörige eines Rudels erkennen sich am gruppenspezifischen Geruch. Die Familienrudel zeigen ein ausgeprägtes Revierverhalten. Rudelfremde Artgenossen werden ausnahmslos vertrieben oder getötet (Kannibalismus ist möglich). Erfahrungen einzelner Tiere können an andere Gruppenmitglieder weitervermittelt werden. Wanderratten pflanzen sich das ganze Jahr über fort. Die Tragzeit beträgt 24 Tage. Ein Wanderrattenweibchen wirft 2–7 mal im Jahr 6–10 Junge, die nackt und blind geboren werden. Ein Weibchen kann somit pro Jahr an die 1.000 Nachkommen hervorbringen. An der Jungenaufzucht beteiligen sich oft mehrere Weibchen. Die Jungtiere werden rund 3 Wochen lang gesäugt. Im Alter von 6–7 Wochen sind sie schon selbstständig und mit 3 Monaten bereits geschlechtsreif. Die Jungtiere zeigen ein ausgeprägtes Spielverhalten. Wanderratten sind Allesfresser (omnivor). Ihr Nahrungsspektrum beinhaltet Sämereien, Knospen, Früchte, Vogeleier, Aas, Kleinsäuger etc. Sie meiden jedoch unbekannte Nahrungsmittel, ein Verhalten, das man als Misoneismus bezeichnet. Die Lebenserwartung einer Wanderratte beträgt maximal 4 Jahre, ein Alter, das in freier Wildbahn kaum erreicht wird.

Vorkommen: Die Wanderratte stammt ursprünglich aus Ostasien. Als Kulturfolger hat sich diese Art jedoch weltweit erfolgreich verbreitet. Mit Schiffen als Vektoren wurde die Wanderratte auch an abgelegenen Inseln eingeschleppt. Man findet sie in Dörfern und Städten in Kellern, Lagerräumen, Ställen, Kanalisationen, Müllplätzen und sonstigen Gebäuden, wo sie genügend Nahrung und

Verstecke vorfinden. In freier Natur graben sie Erdbauten mit langen Gängen.

Schadbild: Typischer Vorrats-, Material- und Hygieneschädling. Nahrungsmittel aller Art werden angefressen und durch Kot, Urin und Sekrete verunreinigt. Sie nagen aber auch Möbel, elektrische Leitungen, Bretter, Balken, Türen, Kunststoffe an und werden so zu Materialschädlingen. Wanderratten fungieren als Überträger zahlreicher Infektionskrankheiten auf Mensch und Tier. So sind sie Vektoren für Flöhe, die wiederum als Überträger der Pest fungieren. Weiters übertragen Wanderratten Arena-Viren (Erreger des Lassa-Fiebers), Lyssa-Viren (Tollwuterreger) und Salmonellen, Trichinen sowie weitere Ekto- und Endoparasiten.

Vorbeugung: Es werden dieselben Vorbeugungsmaßnahmen wie bei der Hausmaus empfohlen.

Bekämpfung: Es werden dieselben Bekämpfungsmaßnahmen wie bei der Hausmaus empfohlen. Es ist allerdings zu bedenken, dass Wanderratten lernfähiger und intelligenter als Hausmäuse sind, daher lernen sie schnell, Bekämpfungsobjekte zu meiden. So werden Schlagfallen nach kurzer Zeit gemieden. Eine Bekämpfung der Wanderratte sollte daher von konzessionierten Schädlingsbekämpfungsunternehmen durchgeführt werden.

Ähnlich Arten: Hausratte (*Rattus rattus*). Diese ist jedoch schon sehr selten.

Steinmarder
Martes foina

Der Steinmarder ist ein typischer Vertreter aus der Familie der Marder (*Mustelidae*), der sich als Kulturfolger gerne in der Nähe des Menschen aufhält.

Aussehen: Kopf-Rumpf-Länge 40–55 cm; Schwanzlänge 20–30 cm; Gewicht 1,1–2,3 kg; die Weibchen sind im Durchschnitt etwas kleiner und leichter als die Männchen; der Körperrumpf ist schlank, langgestreckt und besitzt 2 Paar kurze Beine; der Schwanz ist lang und buschig; Kopf mit kurzen, spitz-runden Ohren, dunklen Augen und hell fleischfarbener Nase; das Fell ist hell- bis schokoladebraun gefärbt und hat einen bläulichgrauen Schimmer; an den Flanken sind die Grannenhaare so schütter, dass die weißliche Unterwolle deutlich unten in den Brustbereich (bis in den Bereich der Vorderläufe) gabelt; die Fußsohlen des Steinmarders sind unbehaart.

Biologie: Der Steinmarder erreicht ein Lebensalter von 10 Jahren, ist ein Einzelgänger und überwiegend dämmerungs- und nachtaktiv. Obwohl er ausgezeichnet klettern und springen kann, streift er vorwiegend auf dem Boden entlang eingehaltener Pässe auf der Suche nach Nahrung umher, wobei ein bestimmter Pass in Abständen von einigen Tagen immer wieder benützt wird. Der Steinmarder ist ein Räuber, der sich von verschiedenen Kleintieren bis Kaninchen- oder Hühnergröße ernährt. Sein Nahrungsspektrum umfasst Mäuse, Ratten und verschiedene Vögel. Insekten, Beeren und Früchte ergänzen seinen Speiseplan. Im ländlichen Raum stielt der Steinmarder auch gerne Hühnereier aus Ställen, die er mit seinem weit geöffneten Fang abtransportiert und verzehrt. Steinmarder werden mit dem 2. Lebensjahr fortpflanzungsfähig. Die Paarungszeit (Ranzzeit) findet im Juli und August statt. Während der nächtlichen Paarungsspiele jagen Männchen (Rüden) und Weibchen (Fähen) einander und geben dabei laute Fauch- und Kreischgeräusche ab. Während des Paarungsaktes (Kopula) beißt der Rüde der Fähe in den Nacken und umklammert mit den Hinterläufen ihre Flanken. In seitlicher Lage bleiben die Tiere bis zu 20 Minuten beieinander. Nach 9-monatiger Tragzeit bringt das Weibchen im März/April des darauffolgenden Jahres 2–7 Junge zur Welt. Die relativ lange Tragzeit ist durch eine Entwicklungsunterbrechung (Keimruhe) bedingt. Die frisch geborenen Jungen haben noch geschlossene Augen (blind) und weisen eine aschgraue Behaarung auf. Im Alter von 5 Wochen öffnen sie die Augen. Im Alter von 2 Monaten besitzen sie bereits ein braunes Fell und verlassen mit der Mutter erstmals das Nest. Bis zum Winter bleiben die Jungtiere bei ihrer Mutter, danach löst sich die Marderfamilie auf, und die Jungtiere suchen sich ihre eigenen Territorien. Steinmarder führen zweimal jährlich einen Haarwechsel durch, wobei das Sommerfell etwas dunkler ist als das Winterfell, da im Sommer die helle Unterwolle nicht so stark ausgeprägt ist.

Vorkommen: Den Steinmarder findet man in weiten Teilen Eurasiens, wobei sich sein Verbreitungsgebiet von Mittel-, Süd- und Westeuropa bis hin zu Zentralasien, der Mongolei und dem Himalaya-Gebiet erstreckt. Er fehlt auf den Britischen Inseln und zahlreichen Mittelmeerinseln. Auch in Skandinavien sind die Populationen weniger zahlreich. Man findet ihn in Wäldern und auf Feldern. Als typischer Kulturfolger sucht er auch gerne die Nähe zum Menschen auf. Daher findet man den Steinmarder häufig in menschlichen Siedlungen, Dörfern und Städten, wo er sich in Holzstößen, Steinhaufen und -mauern, in Scheunen, Ställen, Gartenhäusern und Dachböden aufhält.

Schadbild: Typischer Lästling, Vorrats- und Materialschädling. Findet das Paarungsspiel der Steinmarder auf einem Dachboden statt, werden die Bewohner durch den Lärm in ihrer Nachtruhe gestört. Aber auch außerhalb der Ranzeit kann das Herumtollen der ungebetenen Mitbewohner so manch schlaflose Nacht bereiten. Als Vorratsschädling tritt er insofern auf, als er Hühnereier stiehlt und auch kleine Nutz- und Haustiere erlegt. Dringt der Steinmarder z. B. in einem Hühnerstall ein, so kann er dort verheerenden Schaden anrichten, da das Stressverhalten der aufgeschreckten Hühner, die nicht flüchten können, beim Marder ständig ein neues Jagdverhalten auslöst, und zwar solange, bis alle Hühner tot sind. Dieses Massentöten stellt aber keinen „Blutrausch" des Steinmarders dar, sondern ist dadurch zu erklären, dass sich der Steinmarder in einem geschlossenen Hühnerstall in einer für ihn unnatürlichen Situation befindet. In freier Wildbahn würden Hühnervögel flüchten und damit auch das Jagdverhalten des Steinmarders beenden, sobald er ein Tier erlegt hat. Als Materialschädling ist der Steinmarder insofern berüchtigt, als er bei Kraftfahrzeugen Kabel und Schläuche durchbeißt. Man vermutet, dass die Tiere durch die Restwärme des Motors und durch den Geruch angelockt werden. Das Zerbeißen von Schläuchen und Kabeln kann man auf drei Verhaltensweisen zurückführen, nämlich „Erkundungsverhalten", „Spielverhalten" und „aggressives Beißen". Vor allem durch das „aggressive Beißen", das eine Ausprägung des Territorialverhaltens ist, entstehen große Schäden. Neben Autoschläuchen und -kabeln schädigt der Steinmarder auch Isoliermaterial an Dachböden.

Vorbeugung: Als Prophylaxe gegen den Steinmarder gibt es im Prinzip zwei Möglichkeiten, nämlich „Aussperren" oder „Vergrämen". Um den Marder auszusperren, müssen sämtliche potenzielle Einstiegsstellen mit Brettern oder Maschendrähten verschlossen werden. Als Einstiegsmöglichkeit dienen dem Steinmarder Mauerlöcher, Belüftungsschlitze, kaputte Dachfenster, lockere Dachziegel etc. Um herauszufinden, wo der Marder ins Haus eindringt, kann man um das Haus und um in Hausnähe stehende Bäume temporäre Sandflächen anlegen. Dabei werden die Spuren und somit der Weg, den der Steinmarder ins Haus nimmt, sichtbar. Stellt sich heraus, dass der Steinmarder über die Hausmauer klettert, kann man Verblendungen aus glattem Material anbringen und somit den Aufstieg verhindern. Gelangt der Steinmarder über einen Baum oder ein Nachbargebäude in das Haus, so müssen die Einstiegsmöglichkeiten, wie bereits erwähnt, verbarrikadiert werden. Steinmarder vergrämt man am besten mit Lärm, da sie sehr lärmempfindlich sind. Im Dachboden kann man z. B. ein Radio mit einer Zeitschaltuhr platzieren. Die Zeitschaltuhr sollte so eingestellt sein, dass in den frühen Morgenstunden laute Radiomusik ertönt. In der Regel suchen sich Steinmarder ruhigere Tagesverstecke auf. Im Fachhandel gibt es daneben noch eine Reihe von technischen Geräten, deren vergrämente (repellente) Wirkung auf Ultraschalltönen basiert. Der Einsatz von Ultraschallgeräten sollte nur dort angewendet werden, wo keine Haustiere sind. Ultraschalltöne wirken sich nämlich auch negativ auf Katzen und Hunde aus. Als Hausmittel hat sich auch das Ausbringen von Hundehaaren bewährt, da der Steinmarder den Hundegeruch wahrnimmt und daher die Stelle meidet.

Bekämpfung: Steinmarder unterliegen dem jeweiligen Jagdgesetz und werden im Wald und Feld daher von den Jägern bejagt. In der Marderjagd spielt vor allem die Fangjagd eine große Rolle. Dabei kommen sowohl Lebend- als auch Totschlagfallen zum Einsatz. Die Fallen müssen laufend kontrolliert werden. Im Wohnbereich empfiehlt sich der Einsatz von Lebendfallen. Gefangene Steinmarder kann man dann weit abseits seines Territoriums in einem Wald aussetzen. Gleichzeitig muss dafür Sorge getragen werden, dass die Eintrittsmöglichkeiten, wie oben erwähnt, verschlossen werden. Im Auto können Elektroden angebracht werden, die dem Steinmarder einen elektrischen Schlag versetzen (Weidezaunprinzip).

Ähnliche Art: Baum- oder Edelmarder (*Martes martes*): Er unterscheidet sich vom Steinmarder in erster Linie durch seinen nicht gegabelten gelben Kehlfleck. Er ist deutlich leichter und zarter als der Steinmarder, hat rundlichere Ohren und dicht behaarte Fußsohlen. Im Gegensatz zum Steinmarder meidet der Baummarder menschliche Siedlungen.

Straßentaube
Columba livia forma domestica

Aussehen: Bis zu 33 cm groß; Flügelspannweite 63–70 cm; Gewicht rund 330 g; Gefiederfärbung relativ variabel; Kopf und Hals grauviolett; Flügel grauweiß; in Ruhelage weisen sie dunklere Binden auf; die Beine sind rot.

Biologie: Während der Balz plustert das Männchen sein Gefieder auf und tanzt gurrend um ein Weibchen. Nach der Paarung (Kopula) legt das Weibchen in der Regel 2 Eier in ein Nest ab, das aus wenigen Halmen und Zweigen besteht. Die Nester werden oft an Gebäuden, an Hausfassaden oder in Dachstühlen angelegt. Nach einer Embryonalentwicklungszeit von 17–18 Tagen schlüpfen die Jungen und werden von den adulten Tieren mit Nahrung (Kropfmilch) versorgt. Die Balzzeit der Stadttauben ist an keine bestimmte Jahreszeit gebunden. Es können bis zu 6 Bruten im Jahr auftreten, was oft zu einem erheblichen Populationswachstum fuhrt.

Vorkommen: Nahezu weltweit verbreitet. Man findet sie im urbanen (städtischen) Bereich, wo sie an und in menschlichen Gebäuden nisten.

Schadbild: Typischer Lästling, Material- und Hygieneschädling: Tauben picken mit ihrem Schnabel an Mauer- und Putzteilen, um ihren Sandsteinbedarf zu decken. Durch Kot werden Gemäuer, Plätze, Straßen etc. verschmutzt. Darüber hinaus verursacht der Taubenkot eine entsprechende Geruchsbelästigung. Der Reinigungsaufwand vor allem für Gebäude ist oft sehr erheblich. Inhaltsstoffe im Kot, wie z. B. Salpetersäure, können die Bausubstanz (Beton, Sandstein, Ziegel sowie Kupfer-, Alu- und Zinkbleche) zudem schädigen. Als Hygieneschädlinge übertragen Tauben Parasiten, wie etwa die Taubenzecke, -milben, -läuse und -wanzen sowie andere. In Taubennistplätzen finden auch Schadorganismen, wie z. B. Mehl- oder Speckkäfer, ideale Bedingungen, die von dort auch in Häuser und Wohnungen einwandern können.

Vorbeugung: Fütterungsverbot von Stadttauben. Errichten von Taubennetzen oder Anflugsperren, wie z. B. Spanndrahtsysteme, Elektrodrahtsysteme, Federspeichen-Spike-Systeme, Schutzbleche, Taubennetze etc. Nistende Tauben sollten regelmäßig verscheucht werden, so dass sie mit der Zeit vergrämt werden.

Bekämpfung: Lokal kann eine Bejagung angeordnet werden. Darüber hinaus legen immer wieder Menschen Giftköder aus. Das sollte jedoch unterbleiben. Hingegen ist das Ausbringen von Futterdragees mit integrierter Anti-Baby-Pille eine sinnvolle zusätzliche Maßnahme, um die Straßentaubenpopulation zu reduzieren.

Schimmelpilze

Als Schimmelpilze wird eine heterogene Gruppe von Pilzen (Fungi) zusammengefasst, die typische Pilzfäden und Sporen ausbilden können. Die Schimmelpilze können relativ schnell wachsen und ernähren sich heterotroph.

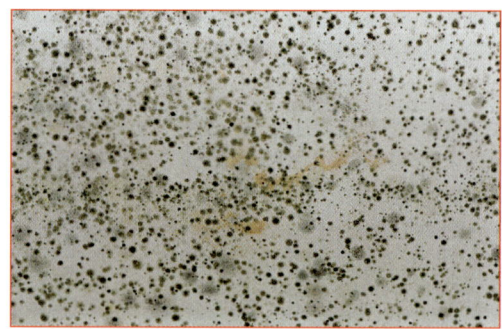

Biologie: Schimmelpilze sind ein natürlicher Teil unserer Umwelt. Die Myzelien dieser Pilze wachsen als Saprobionten oder Parasiten auf einer Vielzahl unterschiedlicher Substrate. Junge Pilze bilden asexuelle Sporen. Der Begriff „Schimmel" bezieht sich eigentlich nur auf dieses Stadium. In späteren Entwicklungsstadien können auch sexuelle Reproduktionen erfolgen. Schimmelpilzsporen findet man überall in der Umwelt, also auch in Innenräumen. Die Luft enthält im Sommer eine Konzentration von 3.000 Schimmelpilzsporen pro m^2 und im Winter eine Konzentration von 50 Sporen m^2. Diese Sporendichte ist für Organismen und Bausubstanz harmlos. Die Sporen lagern sich an verschiedenen Oberflächen ab. Finden die Pilze an einer Oberfläche optimale Umweltbedingungen, wie Feuchtigkeit, organische Nährstoffe, optimale Temperatur und pH-Wert vor, ist sie als Substrat geeignet und die Pilze beginnen zu keimen. Ausreichende Nährstoffe erhalten die Pilze an Tapeten, Gipskartonplatten, Holz, Kleister (Zellulose) und an Kunststoffen, wie Wandbeschichtungen, Bodenbelägen und Teppichböden. Einen Schimmelpilzbefall merkt man meist erst dann, wenn sie bereits größere Kolonien gebildet haben und sich die Substratoberfläche zu verfärben beginnt.

Vorkommen: Man findet Schimmelpilze vor allem in Altbauwohnungen an feuchten Oberflächen (Wände: Wandschimmel, Fußböden etc.). Auch Neubauwohnungen können betroffen sein, wenn die Baurestfeuchte noch hoch genug ist, um ein Schimmelpilzwachstum zu ermöglichen. Zahlreiche Schimmelpilzarten findet man an Nahrungsmitteln.

Ursachen für Schimmelpilzwachstum: Das Wachstum von Schimmelpilzen wird in erster Linie durch drei Umweltfaktoren bestimmt: Feuchtigkeit, Nährstoffangebot und Temperatur. Auch der Sauerstoffgehalt und der pH-Wert spielen eine, wenn auch untergeordnete Rolle für das Pilzwachstum. Erhöhte Feuchtigkeit innerhalb von Räumen kommt einerseits durch direkten Eintrag von Feuchtigkeit, wie z. B. durch defekte Dächer, Dachrinnen, Fallrohre, Risse im Mauerwerk, ungenügendes Austrocknen nach Baumaßnahmen (Baurestfeuchte) und Wassereintritt infolge von Rohrbrüchen, Hochwasserkatastrophen etc. und andererseits durch unzureichende Abfuhr der erhöhten Raumluftfeuchte zustande. Ursachen für letztere sind unsachgemäßes Heizen und Lüften, Kondensation (Tauwasserbildung) von Luftfeuchte an kalten Wänden und Baufehler, wie Wärmebrücken, die ebenfalls zur Wasserdampfkondensation entlang des Bauschadensbereichs führen.

Schadbild: Typischer Hygiene-, Material- und Vorratsschädling. Befallene Oberflächen zeigen durch das immer dichter wachsende Pilzmyzel eine zunehmende Verfärbung, die zunächst als dunkle Flecken sichtbar wird (Stockflecken). Diese weisen bereits einen modrigen bzw. muffigen Geruch auf. Mit zunehmendem Pilzwachstum werden auch die Fruchtkörper als filziger Belag auf der Substratoberfläche sichtbar, die den modrigen Geruch noch verstärken. Die befallene Schimmelpilzoberfläche zeigt jetzt eine flächige Verfärbung mit verschieden grauen, schwarzen und gelblich-grauen Farbschattierungen. Die flächigen Verfärbungen haben unklare Ränder. Schimmelpilze können auch verdeckt im Bereich von Fußböden, Zwischendecken und -wänden wachsen und von dort ihre Sporen an die Umgebungsluft abgeben. Schimmelpilze können auch die Verursacher allergischer Reaktionen sein. Zudem gibt es eine

Reihe von Schimmelpilzarten, die toxische Substanzen produzieren.

Vorbeugung: Um einem Schimmelpilzbefall vorzubeugen, sollte regelmäßig die Feuchtigkeit im Wohnraum überprüft werden. Mit einfachen Hygrometern (Feuchtigkeitsmessgeräte) kann man sich eine erste Orientierung über die Luftfeuchtigkeit verschaffen. Als Faustzahl gilt hier, dass die Feuchtigkeit auf Dauer 65–70 % in der Raumluft und 80 % entlang von Wandoberflächen nicht überschreiten sollte. Türen und Fenster von feuchten Räumen, in denen viel Wasserdampf freigesetzt wird (Bad, Waschraum, etc.), sollten geschlossen gehalten werden, damit sich die Feuchtigkeit nicht über weitere Räume verteilt. Nach dem Duschen sollte das Wasser von den Wänden entfernt werden. Nasse Handtücher sollte man am Heizkörper oder im Freien trocknen lassen. In der Küche kann mit Hilfe eines Dunstabzuges rasch viel Feuchtigkeit entfernt werden. Sämtliche Räume müssen richtig belüftet werden, damit ein guter Luftaustausch erfolgen kann. Ein zu geringer Luftwechsel kann Schimmelpilzwachstum fördern. Während der Heizperiode sollte zweimal täglich für rund 5–10 Minuten gut stoß- oder quergelüftet werden. Kondenswasser, das sich im Bereich der Fenster bildet, ist wegzuwischen. Heizkörper sollten nicht verstellt sein, damit die Wärmeabgabe nicht behindert wird. Dauerlüften sollte während der Heizperiode vermieden werden.

Bekämpfung: Für eine effiziente Bekämpfung muss festgestellt werden, wo der Schimmelpilzbefall lokalisiert ist. Gegebenenfalls müssen Hohlräume hinter Verschalungen, Decken oder Wänden freigelegt werden, um zur Schimmelpilzquelle zu gelangen. Wenn der Schimmelpilz in den oberen Ecken von Räumen auftritt, handelt es sich meist um Kältebrücken, die durch Baumängel hervorgerufen werden. Geht der Schimmelpilzbefall vom Fußboden aus oder befindet er sich hinter Möbelstücken (z. B. Kästen), so ist die Ursache kapillar aufsteigende Mauerfeuchte. Diese kühlt die Wand ab, wodurch sich Kondenswasser niederschlagen kann, was das Schimmelpilzwachstum fördert. Erst nach der Ursachenfindung für den Schimmelpilzbefall können sachgerechte Sanierungsmaßnahmen ergriffen werden. Schimmelpilzbekämpfungsmaßnahmen, wie z. B. Entfeuchten des Mauerwerks, Applikation von Fungiziden etc., sollten nur von Experten durchgeführt werden. Diese werden dafür zunächst eine Ortsbegehung durchführen, um die Intensität, die Art und die Ursache(n) des Schimmelpilzbefalls festzustellen. Vor allem die Ursachenfindung ist wichtig, da eine Schimmelpilzsanierung ohne Beseitigung der Ursachen nicht sinnvoll ist. Bei dieser Begehung können auch Pilzproben genommen werden, damit in einem mikrobiologischen Labor die Pilzarten bestimmt werden können. Erst nach der Ursachenfindung wird ein Sanierungsplan, der unterschiedlich aufwendig sein kann, erstellt. Der Sanierungsaufwand hängt dabei von der Größe der befallenen Fläche, der Stärke des Befalls (einzelne Flecken oder dicker Schimmelpilzbelag), der Tiefe des Befalls (oberflächlich oder auch in tieferen Schichten), vorkommenden Schimmelpilzarten (wichtig für die Beurteilung des Allergie- und Infektionsrisikos), der Art und Beschaffenheit des befallenen Materials und der Art der Raumnutzung ab.

Konkrete Sanierungsmaßnahmen: Prinzipiell gilt, dass nur oberflächlich befallenes Material, wo der Schimmelpilz nicht in die Tiefe vorgedrungen ist, mit relativ wenig Aufwand saniert werden kann. Meist reicht es, wenn man diese Oberflächen feucht reinigt (Holz oberflächlich abschleift), trocknet und mit 70–80%igem Ethylalkohol (Vorsicht Brand- und Explosionsgefahr) desinfiziert. Hier sei noch einmal erwähnt, dass die Anwendung von Fungiziden nur den Experten vorbehalten sein sollte, da unsachgemäßes Anwenden mehr schadet als nützt. Befallene poröse Materialien, wie Tapeten, Gipskartonplatten, poröses Mauerwerk oder poröse Deckenverschalungen sind hingegen schwer zu reini-

gen, da das Schimmelpilzwachstum auch bis in tiefere Materialschichten vordringen kann. Ausbaubare Materialien wie Gipskartonplatten oder Trennwände sollten daher ersetzt werden. Bei nicht austauschbaren Materialien muss dafür gesorgt werden, dass die Bekämpfungsmaßnahmen auch die Pilze in tieferen Schichten erreichen. Befallenes Holz ist in der Regel auszutauschen, nur in Ausnahmefällen kann ein oberflächlicher Befall durch Abschleifen entfernt werden. Befallenes Mobiliar mit geschlossener Oberfläche (Stühle, Schränke) sind oberflächlich feucht zu reinigen, zu trocknen und mit 70–80%igem Ethylalkohol zu desinfizieren. Stark befallene Einrichtungsgegenstände mit Polsterung (Sofa, etc.) sollten entfernt werden, da der Sanierungsaufwand zu hoch und kostenintensiv wäre. Dasselbe gilt für Haushaltstextilien, wie Teppiche und Vorhänge. Befallene Tapeten und Silikonfugen sollten ebenfalls entfernt werden. Nach der Sanierung ist eine intensive Reinigung in der Umgebung der sanierten Stellen vorzunehmen. Staubsauger sollten mit einem Feinstaubfilter (HEPA-Filter) ausgestattet sein. Abfälle, die bei der Schimmelpilzsanierung anfallen, können in Plastikbeutel verpackt mit dem Hausmüll entsorgt werden.

Schädlinge von Garten- und Zimmerpflanzen

Pflanzenmykosen, -virosen und -bakteriosen

Unter Pflanzenmykosen versteht man Pilzerkrankungen der Pflanzen. Es gibt zahlreiche pflanzenpathogene Pilze, die unterschiedliche Umweltansprüche haben. Unter Pflanzenvirosen versteht man Pflanzenerkrankungen, die durch Viren hervorgerufen werden. Pflanzbakteriosen sind durch Bakterien verursachte Pflanzenkrankheiten.

Echter Mehltau
Erysiphaceae

Als Echter Mehltau werden verschiedene pflanzenpathogene Pilze zusammengefasst, die ein gemeinsames äußeres Schadbild haben, aber jeweils auf bestimmte Pflanzen spezialisiert sind.

Biologie: Der Pilz wächst blattoberseits und bildet Saugfortsätze (Haustorien) aus, mit denen er in das Blattgewebe eindringt. Mit diesen Haustorien entzieht er der Wirtspflanze Nährstoffe. Im Sommer werden die Pilzsporen mit dem Wind verbreitet. Darüber hinaus dienen auch Insekten oder Spritzwasser als Migrationsfaktoren für den Pilz. Unter optimalen Umweltbedingungen (mindestens 70 % Luftfeuchtigkeit und warme Temperaturen) breitet sich der Pilz relativ rasch aus.

Am Ende der Vegetationsperiode bildet er kleine Fruchtkörper aus, die als Überwinterungsform dienen. Der Pilz überwintert an den Wirtspflanzen.

Vorkommen: Echte Mehltaupilze sind nahezu weltweit mit ihren Wirtspflanzen verbreitet. Man findet sie an Äpfeln, Marillen, Pfirsichen, Erdbeeren, Stachelbeeren, Weinreben, Erbsen, Gurken und verschiedenen Zierpflanzen, wie Rittersporn, Rosen, Begonien, Wicken etc.

Schadbild: Befallene Pflanzenteile sehen aus, als ob sie mit feinem Staubzucker eingestäubt wären. Es entstehen zunächst weiße Punkte, die sich in weiterer Folge zu weißgrauen Belägen ausbreiten. Der Echte Mehltau kommt hauptsächlich blattoberseits vor. Befallene Pflanzenteile können vertrocknen und schließlich absterben.

Vorbeugung: Resistente Pflanzensorten verwenden. Pflanzen in einem genügend großen Pflanzabstand setzen. Stickstoffüberdüngung vermeiden. Glashäuser regelmäßig gut lüften. Pflanzen können mit Schachtelhalmbrühe oder Knoblauchtee gestärkt werden. Gefährdete Pflanzen mit Steinmehl bestäuben. Pflanzen mit Staudenknöterich-Tee besprühen.

Bekämpfung: Befallene Pflanzenteile sind Infektionsherde und sollten daher radikal rückgeschnitten und vernichtet werden. Schonender Einsatz von chemischen Pflanzenschutzmitteln, deren Wirkstoff Lecithin ist, hilft gegen den Echten Mehltau. Der Wirkstoff ist nützlingsschonend.

Bedeutende Arten des Echten Mehltaus:
Apfelmehltau (*Podosphaera leucotricha*), Erdbeermehltau (*Sphaeroteca macularis*), Stachelbeermehltau (*Sphaerotheca mors-uvae*), Pfirsichmehltau (*Venturia carpophila*), Echter Rebenmehltau (*Uncinula necator*)

Falscher Mehltau
Peronosporalae

Als Falscher Mehltau werden verschiedene pflanzenpathogene Pilze zusammengefasst, die ein gemeinsames äußeres Schadbild haben, aber jeweils auf bestimmte Pflanzen spezialisiert sind.

Biologie: Die Pilze wachsen im Gegensatz zum Echten Mehltau blattunterseits, wobei sie über die Spaltöffnungen (Stomata) tief

ins Pflanzengewebe eindringen. Die Pilze entwickeln sich am besten bei hoher Luftfeuchtigkeit und mäßigen Temperaturen. Während warmer und trockener Perioden spielen sie daher kaum eine Rolle, in niederschlagsreichen Vegetationsperioden hingegen vermehren und verbreiten sie sich stark. Die Pilze überwintern an Pflanzenresten am Boden.

Vorkommen: Falsche Mehltaupilze sind nahezu weltweit mit ihren Wirtspflanzen verbreitet. Man findet sie auf Gemüsepflanzen, wie Kohl, Salat, Zwiebeln, Lauch und Spinat. Darüber hinaus befallen sie Weinreben und verschiedene Zierpflanzen, wie Rosen, Stiefmütterchen etc.

Schadbild: Befallene Pflanzenteile zeigen einen weißen bis grauvioletten Pilzbelag, der meistens blattunterseits zu finden ist. Blattoberseits treten gelblich-braune Flecken auf. Die Blattspitzen sterben ab und zeigen ein nekrotisches Gewebe. Durch den Pilzbefall werden die Pflanzen physiologisch geschwächt und zeigen ein geringeres Wachstum.

Vorbeugung: Resistente Pflanzensorten verwenden. Pflanzen nicht zu dicht und auf sonnige, luftige Standorte setzen. Ansonsten sind dieselben Vorbeugungsmaßnahmen wie beim Echten Mehltau zu ergreifen.

Bekämpfung: siehe Echter Mehltau

Bedeutende Art des Falschen Mehltaus: Falscher Rebenmehltau (*Plasmopara viticola*)

Grauschimmel
Botrytis cinerea

Der Grauschimmel ist eine der schwerwiegendsten Pflanzenmykosen, der zu einem großen Ausfall von Pflanzenkulturen führen kann.

Biologie: Der Pilz überwintert in Form kleiner Dauerkörper (Sklerotien) an abgestorbenen Pflanzenresten im Boden. Durch Wind und andere Migrationsfaktoren gelangen die Sporen auf neue Wirtspflanzen. Über Geweberverletzungen dringt der Pilz in die Pflanzen ein, d. h. er ist ein Sekundärschädling. Schwüles, feuchtes und warmes Wetter begünstigt eine Botrytisinfektion.

Vorkommen: Der Pilz ist nahezu weltweit mit seinen Wirtspflanzen verbreitet. Man findet ihn auf Weinreben, Erdbeeren und zahlreichen Gemüse- und Zierpflanzen.

Schadbild: Befallene Pflanzenteile verfärben sich fleckenweise rotbraun und weisen in weiterer Folge einen mausgrauen, stark stäubenden Schimmelbelag auf. Die Pflanzenteile verfaulen schließlich.

Vorbeugung: Resistente Pflanzensorten verwenden. Eine ausgewogene kalibetonte Ernährung sollte noch vor Vegetationsbeginn durchgeführt werden. Auch eine zeitige Spritzung mit Schachtelhalmbrühe stärkt die Pflanzen. Boden nach der Ernte mit Algenkalk oder Steinmehl bestreuen. Knoblauch als Zwischenkultur pflanzen. Boden regelmäßig lockern und dabei Pflanzenverletzungen vermeiden. Pflanzen morgens und nicht abends beregnen, weil dadurch das Trocknen der Pflanzen und der Bodenfläche beschleunigt wird. Mit Stroh und Holzwolle mulchen. Gurken an Gittern hochleiten.

Bekämpfung: Befallene Pflanzenteile sind ein Infektionsherd und müssen rasch entfernt und vernichtet werden. Schonender Einsatz von Pilzbekämpfungsmitteln (Fungizide) kann bei starkem Befall in Pflanzenkulturen notwendig sein. Dem privaten Gartenbesitzer sei davon aber abgeraten.

Monilia-Fruchtfäule
Monilia

Bei dieser Pflanzenmykose unterscheidet man zwischen Monilia-Fruchtfäule und Monilia-Spitzendürre.

Biologie: Der Pilz überwintert in Fruchtmumien, auf Zweigen, in Blütenständen oder am Boden. Durch Wind, Insekten und Regen werden seine Sporen verbreitet. Durch verletztes Pflanzengewebe kann der Pilz leicht seine Wirtspflanze infizieren.

Schadbild: Bei der Monilia-Fruchtfäule treten bei Früchten kleine Faulstellen auf und in weiterer Folge dichte Schimmelpölster in konzentrisch angeordneten Ringen. Befallene Früchte fallen ab oder bleiben vertrocknet als Fruchtmumien am Baum hängen. Infizierte Früchte verfaulen bei der Lagerung.

Bei der Monilia-Spitzdürre vertrocknen die Zweige und Blätter während der Blütezeit. Blüten und Blattspitzen verdorren und bleiben am Zweig hängen.

Vorbeugung: Resistente und standortsgerechte Pflanzensorten verwenden. Regelmäßig einen Obstbaumschnitt durchführen. Infizierte Früchte entfernen und vernichten. Bei dichtem Behang empfiehlt sich eine Fruchtausdünnung.

Bekämpfung: Bei der Fruchtfäule rasch alle befallenen Früchte entfernen und vernichten. Bei der Spitzendürre alle erkrankten Zweige sofort nach der Blüte bis ins gesunde Holz zurückschneiden.

Bedeutende Monilia-Arten: *Monilia laxa, Monilia fructigena*

Rostpilze

Unter den Rostpilzen findet man verschiedene Arten. Die bekanntesten Vertreter sind der Birnengitterrost, der Rosenrost, der Bohnenrost sowie der Säulchenrost der Ribisel.

Birnengitterrost
Gymnosporangium fuscum

Biologie: Der Pilz überwintert in Wacholdertrieben. Im März/April brechen aus den verdickten Wacholdertrieben braune, blasenartige Sporenlager heraus. Die Sporen werden durch Insekten oder durch Wind auf Birnenblätter übertragen.

Vorkommen: Der Pilz zeigt einen Wirtswechsel von Birnbäumen im Sommer und nicht heimischen Wacholdersträuchern (*Juniperus* sp.). Der heimische Wacholder (*Juniperus vulgaris*) ist kein Zwischenwirt.

Schadbild: Rund 2 Wochen nach der Infektion erscheinen auf den Blattoberseiten hellgrüne und orange Flecken, in deren Zentren sich kleine punktartige, klebrige Pusteln bilden. Im Juli/August bilden sich auf der Blattunterseite knollenartige Warzen. Durch die gitterartigen Schlitze in den einzelnen Zacken werden gelbe Sommersporen ausgeschleudert, die wiederum Wacholdertriebe infizieren. Der Pilz zerstört das Blattgrün der Pflanze und kann diese bei starkem Befall physiologisch schwächen.

> **Vorbeugung:** Resistente Pflanzensorten verwenden. Der Schaden beim Birnengitterrost ist meist gering.
>
> **Bekämpfung:** Bei starkem Befall müssen die Wacholder entfernt werden.

∎ Bohnenrost

Schadbild: Im Frühjahr bilden sich hauptsächlich weiße Pusteln an den Blattunterseiten und blattoberseits zeigen sich gelbe Flecken. Die Hülsen zeigen viele braune Flecken. Bei starkem Befall kann es zu verfrühtem Laubfall und zum Absterben der Pflanze kommen.

Vorbeugung: Resistente Sorten verwenden. Bohnen nicht zu dicht säen: Die Blätter der Stangenbohnen nicht mit Gießwasser benetzen.

Bekämpfung: Befallenes Material kompostieren, da die Pilzsporen durch die Feuchtigkeit bei der Kompostierung absterben.

∎ Rosenrost

Vorkommen: Der Pilz lebt ganzjährig auf Rosensträuchern. Ohne Gegenmaßnahmen nimmt der Befall jedes Jahr zu.

Schadbild: Die Blattoberseiten der Rosenblätter zeigen rötlich-gelbe Flecken. An der Blattunterseite treten gelborange Pusteln auf.

> **Vorbeugung:** Resistente Sorten verwenden.
>
> **Bekämpfung:** Befallene Blätter und Triebe entfernen und vernichten. Bei starkem Befall muss man den ganzen Rosenstrauch entfernen.

Tierische Schädlinge

Dickmaulrüssler
Otiorhynchus sp.

Die Dickmaulrüssler sind eine Käfergattung aus der artenreichen Familie der Rüsselkäfer (*Curculionidae*). Ihr Kopf ist vorne rüsselförmig verlängert, was dieser Käferfamilie auch den Namen gab.

Gefurchter Dickmaulrüssler
Otiorhynchus sulcatus

Aussehen: 10 mm groß; Körper oberseits matt schwarz mit gelben Haarflecken; Kopf vorne mit breitem Rüssel, der in der Mitte eine tiefe Rille aufweist und kräftig Wülste (Pterygien) besitzt, verlängert; die geknieten, mehrgliedrigen Fühler inserieren in Fühlergruben am Rüssel und besitzen eine Endkeule; die Deckflügel (Elytren) bedecken den ganzen Hinterleib, haben je 5 Rillen und sind an den Schultern abgerundet; die 10 mm langen Larven sind bauchwärts gekrümmt und beinlos (apod); sie weisen eine gelblich-weiße Körperfärbung auf und haben einen deutlich ausdifferenzierten braunen Kopf.

Biologie: Die dämmerungs- und nachtaktiven sowie nicht flugfähigen Käfer können sich sowohl ungeschlechtlich (parthenogenetisch) als auch geschlechtlich fortpflanzen. Parthenogenetisch bedeutet, dass sich auch aus unbefruchteten Eiern Nachkommen entwickeln. Das Käferweibchen legt seine Eier von Ende Juni bis September in die Erde ab. Die Larven treten vor allem im April und Mai sowie im August und September auf. Sie ernähren sich vom Wurzelwerk im Boden. Meistens überwintern die Larven, bevor sie sich weiterentwickeln. In den Erdhöhlen erfolgt dann die Verpuppung, wo die Metamorphose zum adulten Käfer stattfindet (holometabole Entwicklung). Der geschlüpfte Jungkäfer ist bereits nach 5 Wochen geschlechtsreif. Die Käfer sind polyphag und ernähren sich von Blättern, Trieben und Knospen krautiger Pflanzen sowie von verschiedenen Gehölzen.

1 mm

Vorkommen: Europa (außer Südeuropa), Nordamerika, Neuseeland, Australien. Man findet die Käfer in menschlichen Gärten, wo sie oft mit der Garten- bzw. Kulturerde eingeschleppt werden. Da die Käfer sehr gut zu Fuß unterwegs sind, ist auch eine aktive Zuwanderung möglich.

Schadbild: Die Käfer kriechen in der Dämmerung zu den Blättern und fressen typische halbrunde Ausbuchtungen. Den weitaus größeren Schaden richten die Larven durch ihren Wurzelfraß an, was dazu führen kann, dass die Pflanzen absterben. In menschlichen Gärten sind davon vor allem Zierpflanzen (Rhododendren, Rosen, Wilder Wein, Koniferen,

Cotoneaster, Erika) und Obst- sowie Kulturpflanzen (Erdbeeren, Weinreben) betroffen.

Vorbeugung: Etablierung von Nützlingsattraktoren im Garten, damit natürliche
Feinde (Igel, Spitzmaus, Vögel) zu-
wandern. Gartenerde häufig umgra-
ben und lockern. Keinen Rindenmulch
oder Torf verwenden. Applikation von
olfaktorischen Repellentien (Geruchs-
barrieren) in den Kultur- und Zierpflan-
zenbeeten, wie z. B. Wermutjauche,
Rainfarn-, Knoblauch-, Neem- oder Wermuttee. Bodenabdeckung mit Kompost
aus Sägespänen, der am besten mit
Grünalgen, organischen Hilfsdüngern
und Walderde durchmischt ist, damit
das Pilzwachstum gefördert wird.

Bekämpfung: Befallene Zimmer- und
Kübelpflanzen können umgetopft werden. Die Erde sollte dann komplett aus-
getauscht werden. Aktiv kann man
die Käfer während der Eiablageperio-
de bekämpfen, indem man sie absam-
melt. Eine biologische Bekämpfung ist
durch das Ausbringen von parasitischen
Nematoden möglich.

Weitere Otiorhynchus-Arten: Großer
Schwarzer Rüsselkäfer (*Otiorhynchus niger*);
Kleiner Schwarzer Rüsselkäfer (*Otiorhynchus
ovatus*)

Blütenstecher
Anthonomus sp.

Die Blütenstecher sind Käfer, die zur artenreichen Familie der Rüsselkäfer (*Curculionidae*)
zählen. In Mitteleuropa kommen der Erdbeer-
Blütenstecher und der Apfel-Blütenstecher vor.

Erdbeer-Blütenstecher
Anthonomus rubi

Aussehen: 2–4 mm groß; Körper dunkelbraun
bis schwarz gefärbt; Körperoberfläche erscheint schwach metallisch glänzend; graue
Härchen sind schütter über die gesamte Körperoberfläche verteilt; die Flügeldecken (Elytren) bedecken den ganzen Hinterleib und
sind deutlich gestreift und mit Punkten versehen; Kopf vorne mit einem langen, gebo-
genen Rüssel, an dessen Ende sich die kauend-beißenden Mundwerkzeuge befinden,
versehen; die Fühler inserieren im ersten Drit-
tel des Rüssels, sind gekniet, rotbraun gefärbt
und weisen eine dunkle Endkeule auf; Larven
sind bauchwärts gekrümmt und haben einen
dunklen Kopf; der Larvenkörper ist weiß gefärbt und weist einen rötlichen Schimmer auf.

Biologie: Die Käfer suchen im Frühjahr ihre Wirtspflanzen (Rosengewächse) auf, wo sie an den noch grünen Blütenknospen fressen. Die Weibchen legen ihre Eier in die Blütenknospen, wobei sie ein Loch hineinnagen. Nach kurzer Zeit verwelkt die Blütenknospe und fällt ab. Die geschlüpfte Larve frisst in der Knospe weiter und verpuppt sich im letzten Larvenstadium. Nach der Puppenruhe verlässt der adulte Jungkäfer die Knospe durch eine seitliche Öffnung.

Vorkommen: Der Käfer ist über die ganze Paläarktis (Europa, Asien) verbreitet. Man findet ihn vor allem auf Erd- und Himbeeren und, wenn auch weniger häufig, auf Rosen, Brombeeren und Nelkenwurz.

Schadbild: Durch den Larvenfraß in den Blütenknospen sterben diese ab. In Erdbeerkulturen kann der Käfer bei Massenauftreten großen wirtschaftlichen Schaden anrichten.

Vorbeugung: Förderung von natürlichen Feinden, wie Schlupf- und Erzwespen, Laufkäfer, Vögel, etc. Erdbeerbeete kann man mit Farnkraut mulchen und vorbeugend mit Rainfarntee besprühen.

Bekämpfung: Regelmäßiges Absammeln der vertrockneten Blütenknospen. Biologisch können die Käfer mit Schlupf- und Erzwespen, Laufkäfern und anderen räuberischen Käfern bekämpft werden.

Ähnliche Art: Apfelblütenstecher (*Anthonomus pomorum*), befällt Apfelblüten. Bei guten Blütenperioden ist der Befall vernachlässig-bar, bei schlechten kann der Befall aber verheerend sein. Bei Apfelbäumen sollte daher regelmäßige Rindenpflege durch Abbürsten der Käfer gemacht werden. Im Herbst empfiehlt sich das Anbringen von Lehmanstrichen, damit die Käfer nicht am Baum überwintern können.

Fransenflügler
Thysanoptera

Fransenflügler werden auch als Thripse, Blasenfüße oder Gewittertierchen bezeichnet.

Aussehen: 1–3 mm groß; Körper schmal und langgestreckt sowie gelb-braun bis schwarz gefärbt; am Kopf inserieren modifizierte Mundwerkzeuge, die zum Anstechen und Saugen an ihren Nahrungspflanzen dienen; adulte Tiere besitzen 4 gefranste Flügel, denen sie ihren Namen verdanken; an den Tarsen (Fußglieder) der Beine besitzen die Tierchen blasenartige Saugnäpfe (Arolium), mit denen sie sich am Untergrund regelrecht festsaugen können. Diesen anatomischen Eigenheiten verdankt diese Insektengruppe auch ihren Namen „Blasenfüße"; Larven sind durchscheinend und hellgrün.

Biologie: Thripse leben auf Blüten ihrer Nahrungspflanzen. Die Fortpflanzung erfolgt sowohl asexuell (Parthenogenese) als auch getrenntgeschlechtlich. Die Weibchen legen mit ihrem Legestachel ellipsoide, relativ große Eier an verschiedene Pflanzen ab. Nach einer artspezifischen Embryonalentwicklungszeit von 2–20 Tagen schlüpfen aus den unbefruchteten (parthenogenetischen) Eiern Weibchen und aus den befruchteten Männchen. Die Larven sitzen gern in Gruppen an der Blattunterseite. Das letzte Larvenstadium verpuppt sich im Boden und es findet die Entwicklung zum adulten Thrips statt. Bei manchen Gruppen (*Terebrantia, Tubulifera*) schließen sich noch ein bzw. zwei weitere Puppenstadien an. Das 1. Puppenstadium wird in diesem Fall als Präpuppe bezeichnet.

Vorkommen: Thripse sind weltweit verbreitet. Mit dem Wind können diese kleinen Insekten mehrere hundert bis tausend Kilometer verbreitet werden. Im Mittelalter wurden sie durch den Pflanzenhandel des Menschen weltweit verbreitet. Man findet sie in Garten und Gewächshäusern vor allem auf Erbsen, Lauch, Zwiebeln, Gurken, Karfiol, Tomaten und Gladiolen. In Wohnungen befallen sie gerne Philodendron, Begonien, Palmen, Dieffenbachia, Drazäne, Einblatt (*Spatiphyllum*), Ficus, Marante, Zyperngras etc. Darüber hinaus findet man Thripse auch an Getreidefeldern.

Schadbild: Befallene Pflanzen weisen weiß bis graussilbrig gesprenkelte Blätter oder Blüten auf. Diese Sprenkelungen entstehen durch Lufteinschlüsse in den Hohlräumen der ausgesaugten Pflanzenzellen. Die Saugstellen trocknen in weiterer Folge ein, werden gelbbraun und sterben schließlich ab. Angesaugte Blütenteile verkümmern. Befallene Knospen treiben nicht aus.

Vorbeugung: Förderung natürlicher Feinde, wie Blumenwanzen, Raubmilben, Florfliegen. Boden durch Mulchen gut feucht halten. Zwiebeln und Erbsen frühzeitig aussäen. Zimmerpflanzen regelmäßig gießen. Räume gut lüften.

Bekämpfung: Befallene Zimmerpflanzen gänzlich mit Wasser besprühen, dann einen Klarsichtsack darüber stülpen, mit einem Gummiring verschließen und einige Tage stehen lassen. Die hohe Luftfeuchtigkeit hemmt die Thripsentwicklung. Die Anwendung von Algen- und Kräutermitteln stärkt die Abwehrkräfte der Pflanzen. Einige Thripsarten können mit beleimten Blau- oder Gelbtafeln abgefangen werden. Da Leimtafeln den Thripsbefall nur mindern, kann diese Methode nur als begleitende Methode zu anderen Bekämpfungsmethoden eingesetzt werden. Biologisch können Thripse mit Blumenwanzen (*Orius laevigatus* und *Orius majusculus*), Raubmilben und Florfliegenlarven (*Chrysoperla carnea*) bekämpft werden. Dabei ist zu beachten, dass nur regelmäßiger Nützlingseinsatz den Erfolg sichert. Chemisch werden Thripse mit Insektiziden auf Pyrethrumbasis bekämpft, wobei die Behandlung dreimal im Abstand von 7 Tagen erfolgen muss.

Blattläuse
Aphidoidea

Die Blattläuse sind eine artenreiche Gruppe, die zu den Pflanzenläusen (*Sternorrhyncha*) zählen und sich in zahlreiche Blattlausfamilien aufgliedern.

Aussehen: 1–max. 7 mm groß; Körperfärbung grün, bräunlich, gelblich, rot oder schwarz; am Kopf inserieren stechend-saugende Mundwerkzeuge; der Saugrüssel besteht aus einer Reihe von Stechborsten, die durch umgewandelte Mandibeln und erster Maxille gebildet werden; die Fühler sind relativ lang und bestehen aus maximal 6 Gliedern; alle Arten haben sowohl ungeflügelte als auch geflügelte Individuen; die Flügel sind zart und haben wenig Adern; Larvenstadien sehen den Adulttieren ähnlich, nur sind sie etwas kleiner (Hemimetabole Entwicklung).

Vorkommen: Blattläuse sind weltweit verbreitet. In Mitteleuropa kommen von den rund 3.000 verschiedenen Blattlausarten ca. 350 vor. Man findet sie im Feld, Wald, Garten oder in Wohnungen auf ihren Wirtspflanzen.

Biologie: Blattläuse zeigen bei ihrem Fortpflanzungsverhalten einen Generationswechsel (Heterogenie). Unter günstigen Bedingungen pflanzen sie sich asexuell durch Parthenogenese (Jungfernzeugung) fort. Pro Tag kann ein Muttertier bis zu 5 Klone von sich erzeugen. Dadurch können sie sich rasch vermehren und eine hohe Populationsdichte auf-

bauen. Bei ungünstigen Bedingungen (Nahrungsknappheit etc.) bilden sich geflügelte männliche und weibliche Individuen aus, die sich paaren und so getrenntgeschlechtlich fortpflanzen. Die geflügelten Individuen sind auch in der Lage, neue Lebensräume zu erschließen. Diese Fortpflanzungsstrategie aus ungeschlechtlicher und geschlechtlicher Vermehrung macht die Blattläuse zu sehr erfolgreichen Insekten. Die Entwicklungszeit der Blattläuse beträgt 1–2 Wochen. Adulte Tiere haben eine Lebenserwartung von ein paar Wochen. Manche Blattlausarten werden von Ameisen wie Haustiere gehalten und gegen Fressfeinde beschützt. Einige Ameisenarten transportieren ihre Blattläuse auch an für die Blattlaus geeignete Futterstellen. Der Grund für dieses Ameisenverhalten sind die kohlehydratreichen Kottröpfchen (Honigtau), die die Blattläuse ausscheiden, nachdem sie von den Ameisen mit ihren Fühlern betrillert worden sind. Dieser Honigtau wird von den Ameisen als Nahrung aufgenommen.

Schadbild: Durch die Saugtätigkeit der Blattläuse entziehen sie ihren Wirtspflanzen Nährstoffe. Bei starkem Befall können die Pflanzen stark geschwächt werden. An den Einstichstellen kommt es zu Blatt- und Gewebenekrosen. Blätter rollen sich ein. Darüber hinaus übertragen die Blattläuse Viren auf die Wirtspflanzen und fördern durch die Ausscheidung ihres klebrigen Honigtaus auch die Pilzansiedelung.

Vorbeugung: Förderung der natürlichen Feinde, wie Marienkäfer, Florfliegen, Schwebfliegen, Schlupfwespen, Raubwanzen und Ohrwürmer. Da Blattläuse vor allem geschwächte Pflanzen befallen, soll jede Maßnahme durchgeführt werden, die die Pflanzengesundheit erhöht. Passende Duftkräuter setzen, wie z. B. Bohnenkraut zu Bohnen, Lavendel zu Rosen, etc.

Bekämpfung: Blattläuse von den Wirtspflanzen abwischen oder mit einem starken Wasserstrahl abspülen. Applikation von speziellen Spritzbrühen aus Zwiebelschalen, Kartoffelschalen, Knoblauch, Brennnessel, Rainfarn und Wermut. Pflanzen können auch mit Algenkalkstaub eingestäubt werden. Diese Maßnahme beeinträchtigt aber auch Nützlinge. Stark mit Honigtau oder Schwärzepilzen befallene Pflanzenteile müssen unbedingt entfernt werden. Chemisch ist eine Bekämpfung mit Insektiziden auf Pyrethrumbasis möglich.

Blutlaus
Eriosoma lanigerum

Aussehen: 2 mm groß; Körper rötlich oder braun gefärbt; unter weißen, watteähnlichen Wachsausscheidungen versteckt; wenn man die Laus zerdrückt, tritt ein braunroter, blutähnlicher Saft aus, dem sie ihren Namen verdankt.

Biologie: Blutläuse machen wie alle Blattläuse einen Generationswechsel (Heterogenie) in ihrer Fortpflanzung durch. Im Frühling und Sommer vermehren sich die Blutläuse rein parthenogenetisch. Ein Weibchen bringt dabei alle 2–3 Wochen bis zu 100 Nachkommen und mehr hervor, was zu einem raschen Anstieg der Populationsdichte führt. Im Sommer

und Herbst kommen dann auch geflügelte Geschlechtstiere hervor, die sich paaren und weitere Lebensräume erschließen. Die Läuse besiedeln dabei Ritzen von Zweigen, Ästen, Stamm, Wurzelhals und Wunden im Rinden- und Triebbereich. Die Jungtiere der letzten Generation überwintern am Wurzelhals und in Rindenritzen.

Vorkommen: Die Art stammt ursprünglich aus Amerika und wurde durch den Pflanzenhandel auch bei uns verbreitet. Man findet sie auf Apfelbäumen, Quitten und anderen Rosengewächsen, verschiedenen Ziergehölzen, Ulmen und, weniger häufig, auch auf Birnbäumen, Ebereschen, Felsen- und Zwergmispeln sowie Weißdorn.

Schadbild: Befallene Pflanzen erkennt man an den weißen, watteähnlichen Wachsausscheidungen der Blutlauskolonien. Durch die Saugtätigkeit übertragen sie Giftstoffe, die in ihrem Speichel enthalten sind, auf die Wirtspflanzen. Als Folge kommt es zu Wucherungen des Pflanzengewebes und zu einem verkrüppelten Wuchs. Man spricht dann von einem Blutlauskrebs.

Vorbeugung: Förderung der natürlichen Feinde, wie Schlupf- und Zehrwespen, räuberische Gallmücken (*Aphidoletes aphidimyza*), Raubwanzen, Marienkäfer, Ohrwürmer, Vögel, etc. Pflanzenüberdüngung vermeiden. Förderung der Pflanzengesundheit und -widerstandsfähigkeit (schon beim Ankauf auf widerstandsfähige Sorten achten). Baumwunden gut ausschneiden und mit Wundmittel (Baumwachs) behandeln. Kapuzinerkresse auf Baumscheiben säen.

Bekämpfung: Rinden der befallenen Bäume mit Ackerschachtelhalm-Brühe einsprühen und abbürsten. Kranke Pflanzenteile ausschneiden. Befallene Stellen können auch mit Kapuzinerkresse- oder Farnkrautextrakt behandelt werden. Eine chemische Bekämpfung ist mit Insektiziden auf Pyrethrumbasis möglich. Biologisch können Blutläuse mit oben angeführten natürlichen Feinden bekämpft werden.

Schildläuse
Coccoidea

Unter der Überfamilie der Schildläuse werden Pflanzenläuse (*Sternorrhyncha*) zusammengefasst, bei denen die Weibchen einen festen, wachsartigen Rückenschild ausdifferenziert haben und die weltweit mit rund 3.000 Arten vertreten sind. Schildläuse werden in 2 große Familiengruppen eingeteilt: die Deckelschildläuse (*Diaspididae*), bei denen man den Schild abnehmen kann, und die Napfschildläuse (*Coccidae*), bei denen der Schild fest mit dem Tier verwachsen ist.

Aussehen: Je nach Art 0,8–9 mm groß (größte Art *Aspidoproxus maximus* –38 mm); Weibchen besitzen einen festen, wachsartigen Rückenschild, der je nach Art flach oder hochgewölbt sein kann; Schildfärbung gelblichbraun bis kastanienbraun; Flügel und Beine fehlen bei weiblichen Tieren; Männchen besitzen 3 Paar Beinpaare und häutige Flügel; Hinterflügel sind, ähnlich wie bei Zweiflüglern (*Diptera*), zu Schwingkölbchen modifiziert; Männchen besitzen keine Mundwerkzeuge; 1. Larvenstadium 0,5–1 mm groß und mit 3 Beinpaaren ausgestattet (Wanderlarve); Körper je nach Art flach und gelblich-grün bis braun gefärbt.

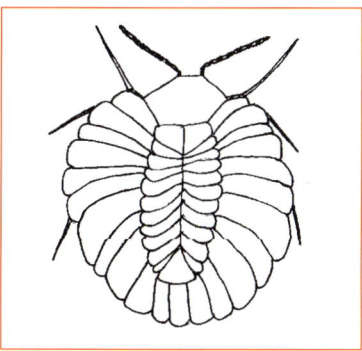

Biologie: Die Weibchen leben meist in mehr oder weniger großen Kolonien auf ihren Nahrungspflanzen. Mit ihrem langen Stechrüssel stechen sie die Pflanzenunterlage an und sind auf diese Weise fest mit ihrer Wirtspflanze verbunden. Die meisten Schildlausarten pflanzen sich durch Parthenogenese (Jungfernzeugung) fort. Unter ungünstigen Umweltbedingungen tritt jedoch auch eine geschlechtliche Fortpflanzungsphase auf (Heterogenie). Dabei geben die Weibchen Pheromone ab, wodurch sie von den Männchen gefunden werden. Die Männchen sterben kurz nach der Kopulation (Paarungsakt). Bei den meisten Arten legt ein Weibchen bis zu 1.000 Eier ab, die sich unter dem Schild geschützt zu Larven entwickeln und zwischen Mai und Juli schlüpfen. (Eine Ausnahme bilden hier die gefürchtete San José Schildlaus und die Gemeine Napfschildlaus, die lebendgebärend sind.) Die frisch geschlüpften Larven (1. Larvenstadium = Wanderlarve) sind mobil und verbreiten sich rasch über die meisten oberirdischen Teile ihrer Wirtspflanze, wo sie mit ihrem Stechrüssel das Pflanzengewebe anstechen und an den Pflanzenzellen saugen. Spätere Larvenstadien können ihre Beine verlieren und immobil werden.

Vorkommen: Nahezu weltweit verbreitet. Von den 3.000 bekannten Schildlausarten kommen rund 90 in Mitteleuropa vor. Die bedeutendsten heimischen Arten sind die Gemeine Kommaschildlaus, die Große Obstbaumschildlaus, die Oleanderschildlaus, die Lorbeerschildlaus und die San José Schildlaus. Man findet sie an sämtlichen oberirdischen Teilen ihrer Wirtspflanzen, wobei sich unbewegliche Weibchen oft geschützt an Blattunterseiten finden. Je nach Art werden Apfel, Birne, Pfirsich, Johannisbeere, Zwetschke, Weinreben, Rosengewächse, Kaffee- und Teepflanzen, Oleander, Lorbeer, Gummibaum, Ficus, Efeu, Philodendron, Weihnachtsstern, Zierspargel, Ahorn, Linde, Rosskastanie, Kornelkirsche, Magnolie, Walnuss, Esche, Haselnuss und andere befallen.

Gemeine Kommaschildlaus
Lepidosaphes ulmi

2–4 mm groß; Körper weißlich bis gelblich gefärbt; Schild länglich-oval und braun gefärbt; die Eiablage erfolgt im Herbst, und die Larven schlüpfen im Mai und Juni; bilden dichte Kolonien an Stämmen, Ästen und Zweigen von Apfel, Birne und Pfirsich.

Große Obstbaumschildlaus
Eulecanium (syn. Parthenolecanium) corni

4–6 mm groß; Schild stark gewölbt und glänzend braun gefärbt; aus den kleinen, weißen Eiern schlüpfen kleine, 0,5–1 mm große, gelblich grüne Larven, die mobil sind; 2. Larvenstadium braun gefärbt und ebenfalls mobil; dieses Larvenstadium überwintert auf Stamm und Zweigen seiner Wirtspflanze; im nächsten Frühjahr wandern diese noch einige Zeit umher, bevor sie im April einen Schild ausbilden; die Art befällt Zwetschken, Pfirsiche, Äpfel, Reben, Johannisbeeren, Haselnüsse, Eschen und andere Laubhölzer.

Oleanderschildlaus
Aspidiotus nerii

Schild kreisrund, relativ flach mit einem außerhalb der Mitte liegenden (azentrischen) Deckelzentrum; grau bzw. schmutzig-weiß gefärbt; die Art befällt Oleander, Rhododendren, Palmen etc., wo sie meistens im Bereich der Blattnerven aufzufinden ist.

San José Schildlaus
Quadraspidiotus perniciosus

1–1,5 mm groß; Schild rund und je nach Entwicklungsstadium erst weiß (Weißschildstadium) und dann schwarz gefärbt (Schwarzschildstadium); die Art ist augen- und beinlos; sie befällt Apfel-, Birn-, Pfirsich- und eine Reihe weiterer Zierbäume; darüber hinaus befällt sie auch krautige Pflanzen; sie gilt gemeinhin als die schädlichste und gefährlichste aller Schildlausarten.

Schadbild: Befallene Pflanzen sind durch die Schildlauskolonien leicht zu erkennen. Es scheint, als ob die oberirdischen Pflanzenteile mit braunen Krusten überzogen sind. Die Schildläuse scheiden Honigtau ab, wodurch auch Rußtaupilze angezogen werden können. Betroffene Pflanzenteile werden dann klebrig und bekommen einen schwarzen Belag. Die Wirtspflanzen werden durch die Saugtätigkeit der Schildläuse (Larven- und Adultstadien) physiologisch geschwächt. Blätter werden meist fleckig und gelblich. Es kann zu einem frühzeitigen Blattverlust kommen. Einige Arten geben beim Saugen auch Giftstoffe ins Pflanzengewebe ab, die zu einem Absterben (Gewebetod) des betroffenen Gewebes führen können.

Vorbeugung: Förderung von natürlichen Fressfeinden, wie Marienkäfer, Schlupfwespen, Zehrwespen und räuberische Käfer. Regelmäßige Pflanzenkontrolle und Stammpflege (Rindenpflege) durchführen. Vorbeugendes Gießen und Besprühen der Pflanzen mit Wurmfarn- oder Rainfarntee. Hartlaubige Zimmerpflanzen können wöchentlich mit Rapsölmitteln oder Schmierseifenlösung besprüht werden.

Bekämpfung: Mechanisches Abbürsten bzw. Abkratzen der befallenen Stellen; bei Zimmerpflanzen wird empfohlen, eine Zahnbürste oder Zahnstocher dafür zu verwenden. Danach sollten die Pflanzen gründlich abgewaschen werden. Befallene Pflanzenteile können auch mit einer Stärkelösung getränkt werden, die anschließend trocknet. Durch den Trocknungsprozess platzen die Schildläuse mit der Stärkelösung ab. Bei starkem Befall weichlaubiger Pflanzen empfiehlt es sich, diese zurückzuschneiden. Biologische Bekämpfung ist mit den Schlupfwespenarten *Encarsia formosa* und *Aphytis melinus* möglich. Gegen die San José Schildlaus ist zudem der Einsatz der Zehrwespe *Prospaltella perniciosi* zu empfehlen. Auch der räuberische Käfer *Rhyzobius lophantae* stellt Schildläusen nach und kann in Glas- und Gewächshäusern eingesetzt werden.

Schmier- bzw. Wollläuse
Pseudococcidae

Unter der systematischen Familie der Schmier- bzw. Wollläuse werden Schildläuse zusammengefasst, die von einem wolligen und schmierigen Wachs überzogen sind.

Aussehen: Je nach Art 0,75–max. 12 mm groß, im Durchschnitt 2–5 mm; gräulich, bräunlich oder rosa; Kopf vorne mit stechend-saugenden Mundwerkzeugen; Körper oval und deutlich segmentiert; Körperrand mit Dornen versehen und am Körperhinterende inserieren lange Fortsätze (Wachsfilamente); Rücken mit langen weißen, pulvrigen oder fädigen

Wachsanhängen versehen; Weibchen sind flügellos; Männchen haben ein Paar häutige Flügel ausdifferenziert; alle Entwicklungsstadien sind mit 3 Beinpaaren versehen und daher mobil.

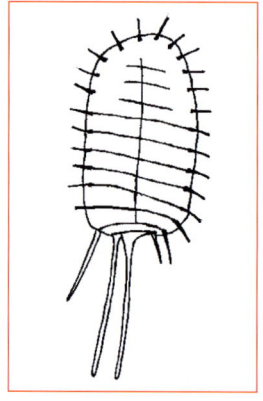

Biologie: Die Weibchen legen mehrere Hundert Eier während der wärmeren Jahreszeit an ihren Wirtspflanzen ab, wobei diese mit einem feinen Wachsgespinst überzogen werden. Einige Schmierlausarten sind lebendgebärend. Nach maximal 10 Tagen schlüpfen bereits die Nymphen. Diese breiten sich überall auf der Pflanze aus und beginnen ihre Saugtätigkeit. Pro Jahr werden ein, unter günstigen Umweltbedingungen (z. B. im Gewächshaus) bis zu acht Generationen gebildet. Männchen nehmen keine Nahrung mehr zu sich.

Vorkommen: Schmierläuse sind nahezu weltweit mit etwa 1.000 Arten vertreten. Man findet sie vor allem auf krautigen Pflanzen, wie Gräsern, Korbblütlern und Hülsenfrüchten. Darüber hinaus werden auch zahlreiche verschiedene Zier- und Zimmerpflanzen sowie Zitrusfrüchte befallen.

Schadbild: Typischer Schwächeparasit. Befallene Pflanzen erkennt man an den weißen, flaumigen Wachsgespinsten, die meistens an Trieben, Stämmen, Blattunterseiten, Blattachseln und ähnlichen Nischen vorhanden sind. Durch die Saugtätigkeit (Phloemsaftsauger) treten unregelmäßige, gelbe Flecken auf den Blättern auf (Vergilbung). Bei Massenauftreten werden die Wirtspflanzen derart geschwächt, dass es zu Wachstumsstörungen kommen kann. Befallene Pflanzen können Verwachsungen, krebsartige Wucherungen und Stauchungen zeigen. Durch die Honigtauausscheidungen kann es zur Besiedelung von Rußtaupilzen und zur Anlockung von Ameisen kommen.

Vorbeugung: Förderung der natürlichen Feinde, wie Florfliegen, Schlupf- und Erzwespen, Marienkäfer, Schwebfliegen und Raubwanzen. Zimmerpflanzen nicht zu eng stellen und für adäquate Lichtverhältnisse, Luftfeuchtigkeit und Durchlüftung sorgen. Kränkliche Pflanzen von gesunden trennen. Die Widerstandsfähigkeit der Pflanzen kann durch Pflanzenstärkungsmittel, wie z. B. Algenpräparate, erhöht werden.

Bekämpfung: Abreiben der befallenen Pflanzen mit einem alkoholgetränkten Tuch. Ebenfalls können die Läuse mit einer 2%igen Schmierseifenlösung (Faustregel 1 Esslöffel Schmierseife auf 1 Liter Wasser) abgewischt werden. Darüber hinaus hilft das Besprühen oder Einpinseln der befallenen Pflanzen mit Rapsölpräparaten oder Rainfarntee. Sehr stark befallene Pflanzen sollten zurückgeschnitten werden. Biologisch können die Läuse mit oben angeführten Feinden bekämpft werden. Der australische

Marienkäfer *Cryptolaemus montrouzieri* wird zu diesem Zwecke extra gezüchtet und gegen Wollläuse in Gewächshäusern, Wintergärten und bei Zimmerpflanzen eingesetzt. Beim Einsatz von Nützlingen dürfen oben erwähnte Reinigungsmaßnahmen nicht durchgeführt werden.

Bedeutende Schmierlausarten:

Zitrusschmierlaus (*Planococcus citri*): 3–5 mm groß; sie ist die häufigste Schmierlausart auf Innenraumbegrünungen; sie befällt weichstämmige und sukkulente Pflanzen, wie Citrus, Oleander, Fuchsia, Kaffee, Kakao, Mango, Schefflera, Codiaeum, Coleus, Ficus, Tabak, Wassermelone, Wein, verschiedene Kaktus-Arten und andere.

Langdornige Schmierlaus (*Pseudococcus longispinus*): 3–5 mm groß; am Hinterende inserieren bei dieser Art besonders lange Wachsfilamente, die etwa so lang wie der Körper sind.

Buchenwolllaus (*Cryptococcus fagisuga*): 0,75–1 mm groß; sie ist ein Forstschädling, der Buchen befällt. Im Garten spielt sie eine Rolle, wenn Buchen gesetzt werden. Die europäische Rotbuche (*Fagus sylvatica*) ist dabei resistenter als die amerikanische Buche (*Fagus grandifolia*).

Gemeine Gewächshaus-Weiße Fliege = Mottenschildlaus
Trialeurodes vaporariorum

Aussehen: 1–2 mm groß; mehlig-weiß gefärbt; im dorsalen Brustbereich (Thorax) inseriert 1 Paar weiße Flügel; Körper und Flügel sind mit feinem Wachsstaub überzogen,

der in speziellen Wachsdrüsen gebildet wird; im ventralen Brustbereich inserieren drei Paar Beine; junge Einymphen ähneln vom Erscheinungsbild her jungen Schmierläusen; sie besitzen zunächst noch 3 Beinpaare; nach der 1. Häutung verliert die Nymphe ihre Beine und ist dann immobil; in diesem Stadium ähnelt sie einer kleinen ovalen Schildlaus; insgesamt häutet sich die Weiße Fliege viermal, wobei nur das letzte Nymphenstadium mit bloßem Auge gut sichtbar ist.

Biologie: Ein Weibchen legt 10 bis 400 Eier an der Blattunterseite ihrer Wirtspflanzen, entweder einzeln oder in kreisförmigen Gruppen, ab. Die Eier sind spitz oval und stehen auf einem Stiel, der in die Blattoberfläche versenkt ist und das Ei mit der notwendigen Feuchtigkeit versorgt, die zur Eientwicklung notwendig ist. Die volle Entwicklungszeit vom Ei bis zum adulten Tier ist temperaturabhängig und beträgt bei 20 °C rund 42 und bei 27 °C nur 18 Tage. Das Temperaturminimum für die Entwicklung beträgt 8 °C. Die Eier können auch Minustemperaturen für einige Stunden problemlos ertragen. Unter optimalen Bedingungen, wie sie in Gewächshäusern vorhanden sind, neigt die Art zur Massenvermehrung, wobei bis zu 10 Generationen jährlich gebildet werden können.

Vorkommen: Ursprünglich stammt die Art aus Mittelamerika und wurde um 1848 in Europa eingeschleppt. Man findet sie in Gewächshäusern auf Gurken, Tomaten, Paprika, Bohnen und verschiedenen Zierpflanzenarten, wie Hibiscus, Lantane, Fuchsie, Weihnachtsstern und anderen.

Schadbild: Typischer Schwächeparasit. Sowohl die Nymphen als auch die adulten Tiere saugen den nitratarmen, aber stark kohlehydrathaltigen Siebröhrensaft (Phloemsaft) der Pflanzen. Infolge der Saugtätigkeit treten glänzend gelbliche Saugflecken auf den Blättern auf. Durch die Honigtauausscheidung kommt es oftmals zu einer Rußtaubesiedelung. Bei starkem Befall zeigen die betroffenen Pflanzen ein verringertes Wachstum und beginnen zu welken.

Vorbeugung: Förderung der natürlichen Feinde, vor allem von Erz- und Schlupfwespen. Pflanzen nicht zu eng setzen. Gewächshäuser immer wieder gut lüften. Abgeerntete Kohlstrünke entfernen und kompostieren oder verbrennen.

Bekämpfung: Eine mechanische Bekämpfung ist mit dem Insektensauger (kleiner Handstaubsauger) oder mit beleimten Gelb- oder Blautafeln möglich. Um die Tiere absaugen zu können, muss eine Person diese zunächst aufscheuchen und eine weitere Person versucht, so viele wie möglich abzusaugen. An den beleimten Gelb- oder Blautafeln bleiben fliegende Individuen hängen. Auch das kann man unterstützen, indem man die Tierchen zunächst mit einer Hand aufscheucht und mit der

anderen eine Leimtafel in Richtung der aufgescheuchten Tierchen führt. Weiters kann man befallene Pflanzen mit Soja- oder Rapsöl, einer 2%igen Seifenlösung oder mit Rainfarntee einspritzen. Biologisch wird standardmäßig die Erzwespe *Encarsia formosa* gegen die Weiße Fliege eingesetzt.

Ähnliche Art: Baumwoll-Weiße-Fliege (*Bemisia tabaci*)

Sitkafichtenlaus
= Fichtenröhrenlaus
Liosomaphis abietina

Aussehen: 1–2 mm groß; Körper grünlich gefärbt; am Kopf befinden sich 2 hervorstehende rote Augen; sie besitzen 2 kurze Fühler und stechend-saugende Mundwerkzeuge; am Hinterleib (Abdomen) inserieren relativ lange Röhrchen (Siphonen); es gibt geflügelte und ungeflügelte Individuen.

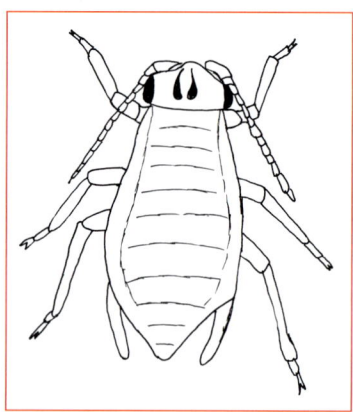

Biologie: Die Überwinterung erfolgt im Eistadium. Sobald die Temperaturen adäquat warm sind, schlüpfen die ersten Larven. In Mitteleuropa ist das meistens Anfang März. Innerhalb von 3 Wochen entwickeln sich die Larven zu adulten Tieren. Diese pflanzen sich parthenogenetisch (asexuell) fort, wobei sie lebendgebärend sind. Dadurch können sie rasch eine hohe Populationsdichte aufbauen. Während die ungeflügelten Individuen das ganze Jahr über auftreten, findet man geflügelte Tierchen vorwiegend bis Mitte Juni. Sie sind in der Lage, neue Nahrungsressourcen zu erschließen. Im Sommer sind diese Ressourcen meist erschöpft (verkahlte Wirtsbäume), so dass die Lauspopulation relativ rasch wieder zusammenbricht. In wintermilden Regionen können auch adulte, ungeflügelte Tiere überwintern, was eine Massenvermehrung im darauffolgenden Frühjahr begünstigt.

Vorkommen: Man findet diese Laus an verschiedenen Fichtenarten, wobei sie Sitkafichten (*Picea sitchensis*) und Blau- oder Stechfichten (*Picea pungens*) als Wirtspflanzen bevorzugt.

Schadbild: Typischer Schwächeparasit. Durch die Saugtätigkeit vergilben die Nadeln und verfärben sich zunächst weißlich-grün und dann bräunlich. Im weiteren Verlauf fallen sie schließlich ab. Vor allem bei höheren Temperaturen ab Juni kommt es zu verstärktem Nadelfall, wobei zuerst die älteren Triebe im mittleren und unteren Kronenbereich verkahlen. An frisch ausgetriebenen Trieben wird meist nicht gesaugt, da der Stickstoffanteil der frischen Nadeln meist zu gering und damit als Nahrungsgrundlage für die Läuse zu unattraktiv ist. Durch genügend Neuaustriebe können sich befallene Pflanzen wieder regenerieren, die kahlen Innenbereiche bleiben jedoch, was den Zierwert der Pflanzen

herabsetzt. Bei starkem jährlich wiederkehrendem Befall können die betroffenen Pflanzen derart geschwächt werden, dass sie absterben.

Vorbeugung: Förderung der natürlichen Feinde, wie Schlupf- und Erzwespen, Marienkäfer oder Florfliegen. Im zeitigen Frühjahr bzw. Februar/März sollten die Pflanzen einmal wöchentlich auf Lausbefall hin kontrolliert werden. Dazu nimmt man ein weißes Blatt Papier und hält dieses unter Zweige im unteren, sonnenabgewandten Pflanzenbereich. Dann klopft man auf die Zweige und zählt die aufgefangenen Tiere. Als Faustzahl gilt, dass ab einer Lausdichte von sechs Läusen pro Zweig mit Schäden gerechnet werden muss und daher Gegenmaßnahmen ergriffen werden müssen. Bedarfsgerechtes Düngen gegen Ende August und eine ausreichende Bewässerung während trockener Phasen wirken einem verstärkten Auftreten der Sitkafichtenlaus entgegen.

Bekämpfung: Vor dem Knospenaustrieb kann man die Pflanze mit Rapsöl- oder Mineralmittel bespritzen. Nach dem Austrieb eignen sich zur Bekämpfung 2%ige Waschseifenlösungen oder Pyrethrine mit Rapsöl. Bei den Mitteln ist dabei zu beachten, dass viele am Markt erhältliche auch bienengefährlich sind. Daher ist eine Applikation während der Bienenflugzeit zu vermeiden.

Spinnmilben
Tetranychidae

Zur Familie der Spinnmilben zählt man Milben aus der Unterordnung Astigmata, die ernährungsphysiologisch darauf spezialisiert sind, an Epidermiszellen von Pflanzenblättern zu saugen.

Obstbaumspinnmilbe = Rote Spinne
Panonychus ulmi

Aussehen: Weibchen rund 0,4 mm groß, Männchen etwas kleiner; Körperform bei den Weibchen oval und bei den Männchen birnenförmig, da der Hinterleib etwas zugespitzt ist. Weibchen sind rot bis rotbraun gefärbt; Männchen weisen eine bleiche, gelbgrüne bis hellrote Färbung auf; auf dem Körper befinden sich helle Warzen, an denen lange, steife Borsten inserieren; Kopf vorne mit stechend-saugenden Mundwerkzeugen ausgestattet; adulte Tiere besitzen 4 Beinpaare; das 1. Larvenstadium weist 3 Beinpaare auf, die nachfolgenden 2 Nymphenstadien bereits 4.

Biologie: Die Weibchen legen ihre rund 0,17 mm großen, gelblichen, zwiebelförmigen Eier Anfang bis Ende Mai zwischen den Blatthaaren an der Blattunterseite ihrer Wirtspflanzen ab. Die Eier, die zu dieser Zeit abgelegt werden, werden Sommereier genannt. Ein Weibchen kann 30–70 dieser Sommereier ablegen. Der volle Entwicklungszyklus vom Ei bis zur adulten Spinnmilbe ist temperaturabhängig und dauert durchschnittlich 4 Wochen. Bei wärmeren Temperaturen kann sich dieser Entwicklungszyklus entsprechend verkürzen. Pro Jahr werden 5–8 sich teilweise überschneidende Generationen gebildet. Im September und Oktober legen die Weibchen karminrote, zwiebelförmige Wintereier an Rinden, Ästen und Trieben ihrer Wirtspflanzen ab. In Form ihrer Wintereier überwintert die Obstbaumspinnmilbe.

Schadbild: Typischer Schwächeparasit. Mit Hilfe einer Lupe kann man Blätter auf Milbenbefall kontrollieren. Während der Blütezeit sind die adulten Tiere auf der Blattunterseite gut zu erkennen. Spinnfäden und Gespinste fehlen bei dieser Art. Durch die Saugtätigkeit der Spinnmilben weisen die Blätter eine helle, bronzefarbene Sprenkelung auf, die zunächst entlang der Hauptader auftritt. Im weiteren Verlauf breitet sich die Fläche ohne Blattgrün auf das ganze Blatt aus, worauf sich dieses einrollt. Das welke Blatt fällt schließlich ab. Durch den Verlust an Assimilationsfläche kommt es zu einem geringeren Triebwachstum. Bei starkem Befall kann der Fruchtzuwachs stark gemindert werden.

Vorbeugung: Förderung der natürlichen Feinde, wie Raubmilben und Raubwanzen. Zu Beginn der Vegetationsperiode sollten Astproben auf das Vorhandensein von Wintereiern untersucht werden. Zählt man dabei um die 1.000 Eier pro 2 Meter untersuchtem Holz, so ist die Schadensschwelle überschritten und es sollten Gegenmaßnahmen ergriffen werden. Bei Vorhandensein einer genügend großen Population von Raubmilben kann die Schadensschwelle auf 2.000 Eier pro 2 Meter untersuchtem Holz erhöht werden. Während der gesamten Vegetationsperiode sollten zusätzlich visuelle Kontrollen der Blätter auf Milbenbefall durchgeführt werden. Im Frühsommer liegt hier die Schadensschwelle bei 50–60 % befallener Blätter, im Juli und August bei 30–40 %.

Bekämpfung: Befallene Pflanzen mit kaltem Wasser abspritzen. Luftfeuchtigkeit erhöhen, indem man die Pflanzen regelmäßig bespritzt oder einen Wasserbehälter in unmittelbarer Nähe aufstellt. Kleinere Pflanzen können nach dem Bespritzen auch in einen transparenten Plastiksack eingehüllt werden, der mit einem Gummiband verschlossen wird. Besprühen der befallenen Pflanzen mit Brennnessel-Schachtelhalm-Brühe (2–3 mal täglich für mindestens 10 Tage). Zusätzlich kann man die befallenen Pflanzen auch mit Knoblauchtee gießen. Chemisch kann man die Spinnmilben mit Akariziden bekämpfen. Im Fall einer Akarizidbehandlung ist zu beachten, dass diese genau terminisiert werden muss. Hat man bei der Astprobenkontrolle festgestellt, dass die Schadensschwelle überschritten wurde, ist eine genaue Austriebsspritzung empfehlenswert. Hat man diesen Zeitpunkt versäumt, kann man noch eine Vor-Blüte-Spritzung durchführen.

Gemeine Spinnmilbe
Tetranychus urticae

Aussehen: Weibchen rund 0,6 mm groß, Männchen rund 0,35 mm; Körper hellgelb gefärbt mit 2 großen schwarzen Flecken auf dem Rücken; überwinternde Weibchen sind orangerot gefärbt; adulte Tiere besitzen 4 Beinpaare; Larven sind 0,15–0,35 mm groß und gelblich gefärbt; ältere Larven bereits mit den artspezifischen 2 dunklen Flecken auf dem Rücken; 1. Larvenstadium mit 3 Beinpaaren.

Biologie: Die bereits im Herbst begatteten Weibchen überwintern an geschützten Stellen unter Rindenschuppen oder im Boden unter der Laubstreu, wobei oft mehrere Tierchen in einem Gespinst gemeinsam überwintern. Sobald die Temperaturen im darauffolgenden Frühjahr warm genug sind, krabbeln die Weibchen in die Krautschicht, wobei sie sich sehr häufig auf Brennnesseln aufhalten. Jedes Weibchen legt etwa 60–120 kugelige, glasklare, gelblich-grün gefärbte Eier an den Blattunterseiten ab. Die Eier verfärben sich nach einiger Zeit orange. Aus den unbefruchteten Eiern schlüpfen Männchen und aus den befruchteten schlüpfen nach 3–4 Wochen Weibchen. In Abhängigkeit von der Umgebungstemperatur können 4–10 Generationen pro Jahr hervorgehen, d. h. unter optimalen Bedingungen (warme, trockene Vegetationsperioden) neigt die Art zur Massenvermehrung.

Vorkommen: Spinnmilben sind nahezu weltweit verbreitet. Man findet die Gemeine Spinnmilbe neben ihren krautigen Wirtspflanzen, wie Brennnesseln, Erdbeeren, Bohnen, Gurken etc., auch auf über 100 Obst-, Gemüse- und Zierpflanzenarten.

Schadbild: Typischer Schwächeparasit. Die befallenen Blätter der Wirtspflanzen werden auf ihrer Unterseite mit einem feinen, netzartigen Gespinst überzogen, in dem sich mehrere Spinnmilben aufhalten. Durch die Saugtätigkeit der Milben an den Blattzellen treten an den Blättern immer mehr gelbe Flecken auf. Im weiteren Verlauf beginnen sie zu welken und fallen schließlich ab.

Vorbeugung: Förderung der natürlichen Feinde, wie Raubmilben, Raubwanzen, Florfliegen, Spinnen, Marienkäfer, räuberische Gallmücken und räuberische Käfer. Brennnesseln und andere Wildkräuter, die im Garten oder in unmittelbarer Nähe des Gartens wachsen, noch vor dem Austrieb entfernen. Stickstoffüberversorgung der Pflanzen vermeiden. Bodenfeuchtigkeit durch Mulchen, Gießen und Bodenbedeckung erhöhen. Pflanzen mit Kompost düngen, um deren Widerstandskraft zu stärken.

Bekämpfung: Befallene Pflanzen mit kaltem Wasser abspritzen. Luftfeuchtigkeit erhöhen, indem man die Pflanzen regelmäßig bespritzt oder einen Wasser-

behälter in unmittelbarer Nähe aufstellt. Kleinere Pflanzen können nach dem Bespritzen auch in einen transparenten Plastiksack eingehüllt werden, der mit einem Gummiband verschlossen wird. Besprühen der befallenen Pflanzen mit Brennnessel-Schachtelhalm-Brühe (2–3 mal täglich für mindestens 10 Tage). Zusätzlich kann man die befallenen Pflanzen auch mit Knoblauchtee gießen. Chemisch kann man die Spinnmilben mit Akariziden bekämpfen. Im Gegensatz zur Obstbaumspinnmilbe ist eine Austriebsspritzung zwecklos, da hier nicht die Eier überwintern, sondern die Weibchen.

Trauermücken
Sciaridae

Unter Trauermücken versteht man eine artenreiche Familie aus der Ordnung der Zweiflügler (*Diptera*), die zur Unterordnung der Mücken (*Nematocera*) zählen.

Aussehen: 2–5 mm groß; Körper schlank und schwärzlich gefärbt; im Brustbereich inseriert ein Paar auffallend dunkler Flügel mit deutlich schwarzer Nervatur; die Mittelader teilt sich glockenförmig auf; am Kopf inserieren mehrgliedrige Fühler (Antennen), die stets nach vorne gerichtet sind; sie besitzen 3 Paar lange Beine; die Larven sind 5–7 mm lang, und durch den weißen Fettkörper entlang des dunkleren Darms erscheinen sie glasig weiß gefärbt; am vorderen Körperende ist eine braune bzw. schwarze chitinisierte Kopfkapsel ausdifferenziert.

Biologie: Ein Weibchen legt rund 20–40 mm große, durchsichtige Eier einzeln, in Ketten oder Häufchen auf feuchtes, humoses Substrat ab. Torf wird als Brutsubstrat bevorzugt. Nach 7–8 Tagen schlüpfen die Larven, die in großen Gruppen leben und an Wurzeln und Keimlingen fressen. Der vollständige Entwicklungszyklus vom Ei bis zur ausgewachsenen Mücke ist temperaturabhängig und dauert bei 21–25 °C rund 24 Tage. Von Mai bis Juni treten die Larven gehäuft auf. Die Verpuppung erfolgt im Juli und August, wobei eine sogenannte Mumienpuppe gebildet wird. Die ausgeschlüpften adulten Tiere (Imagines) nehmen nur noch Flüssigkeit zu sich, finden sich zur Paarung zusammen und sterben schließlich nach nur 3–7 Tagen. Man kann sie am tänzelnden Flug erkennen.

Vorkommen: Trauermücken sind weltweit verbreitet. Sie besiedeln auch Extremlebensräume nördlich und südlich der Polarkreise, wie Inseln um die Antarktis und Tundrengebiete. Sie kommen bis in eine Seehöhe von 4.000 m vor. Man findet sie an zahlreichen Pflanzen mit humosem Boden.

Schadbild: Die Erde in Töpfen wimmelt von Trauermückenlarven, die in hohen Dichten leben (bis zu 2.500 Tiere pro m^2). Die adulten Tiere schwirren tänzelnd in der Luft umher und setzen sich manchmal auch auf dem leuchtenden Fernseh- oder Computerbildschirm nieder. Durch den Larvenfraß an Wurzeln und Keimlingen kann es vor allem in Gewächshäusern zu großen Ausfällen kommen. Ausgewachsene Pflanzen werden nur selten durch Trauermückenbefall geschwächt. Direkt gefährdet sind aber Keimlinge, Stecklinge und Jungpflanzen. Durch die primäre Schwächung der Pflänzchen durch Trauermücken kann es auch zu Infektionen mit Fäulnisbakterien und Pilzen kommen.

Vorbeugung: Förderung natürlicher Feinde, wie z. B. Spinnen. Nur so viel gießen, wie für die Pflanze notwendig ist. Im Falle der Vorbeugung gegen Trauermücken ist eine etwas trockenere Erde besser. Auf die Qualität des Pflanzensubstrates achten, da Trauermückenlarven sehr häufig mit Blumenerde eingeschleppt werden.

Bekämpfung: Umherfliegende adulte Trauermücken können mit beleimten Gelbtafeln oder Gelbstickern abgefangen werden. Die Pflanzenerde kann mit Sand oder feinem Kies abgedeckt werden, so dass die Eiablage verhindert wird. Feuchte Erde kann man auch mehrmals austrocknen lassen, wenn es die Pflanze verträgt. Biologisch kann man Trauermückenlarven mit den insektenpathogenen Nematoden (*Steinernema feltiae* und *Steinernema carpocapsae*) bekämpfen.

Gallmücken
Cecidomyiidae

Die Gallmücken sind eine artenreiche Familie aus der Ordnung der Zweiflügler (*Diptera*) und der Unterordnung der Mücken (*Nematocera*).

Aussehen: 0,5–4 mm; der zierliche Körper ist meist gelborange, hell- bis dunkelrot oder schwarz gefärbt; im Brustbereich (Thorax) inserieren 3 Paar lange Beine; im dorsalen Thoraxbereich inseriert 1 Paar breiter, zum Teil behaarter Flügel; die Hinterflügel sind zu Schwingkölbchen (Halteren) modifiziert; am Kopf inserieren perlschnurartig gegliederte Fühler; die Facettenaugen sind über den Fühlern miteinander verbunden; manche Arten besitzen zusätzlich noch Punktaugen (Ocelli); die Weibchen besitzen eine lange, teleskop-

artig ausstülpbare Legeröhre (Ovipositor); die 2–5 mm langen Larven sind madenartig, beinlos (apod) und haben einen spindelförmigen Körper, der hellgelb, orangerot oder dunkelbraun gefärbt ist; die Kopfkapsel der Larve ist reduziert.

Biologie: Unter den zahlreichen Arten der Familie der Gallmücken kommen sowohl Schädlinge als auch Nützlinge vor. Nur die pflanzenfressenden (phytophagen) Arten sind schädlich. Die Weibchen legen ihre Eier an Blättern, Trieben, Blütenknospen oder Früchten der Wirtspflanzen ab. Die ausgeschlüpften Larven beginnen mit ihrem Reifungsfraß. Durch die Einwirkung von bestimmten Stoffen, die während der Fraßtätigkeit freigesetzt werden, bilden die Pflanzen Gallen (Cecidien) aus, die die Larven durch ihren Speichel noch weiter modellieren. In dieser Galle können sich die Larven geschützt entwickeln. Letztere verpuppen sich im Boden, wobei eine Mumienpuppe gebildet wird.

Vorkommen: Die Gallmücken sind nahezu weltweit mit rund 5.000 Arten verbreitet. In Europa kommen 1.600 Arten vor, wovon etwa 700 Arten allein in Mitteleuropa verbreitet sind. Bedeutende phytophage Arten sind die Birnengallmücke (*Dasyneura pyri*), die Buchengallmücke (*Mikiola fagi*), die Erbsengallmücke (*Contarinia pisi*), die Kohldrehherzgallmücke (*Contarinia nasturtii*), Himbeerrutengallmücke (*Thomasiniana theobaldi*), die Gemeine Weizengallmücke (*Contarinia tritici*) und die Kohlschottengallmücke (*Dassineura brassicae*).

Schadbild: Befallene Pflanzen erkennt man an den artspezifischen Gallen, die durch die Fraßtätigkeit der Larven gebildet werden und an allen Pflanzenteilen, außer den Wurzeln, auftreten können. Der höchste Schaden wird durch Gallmücken, die Früchte befallen, verursacht.

Vorbeugung: Förderung der natürlichen Feinde, wie Spinnen und Tanzfliegen. Die Widerstandsfähigkeit der Pflanzen kann mit Stärkungsmitteln erhöht werden.

Bekämpfung: Gallen können herausgeschnitten werden, um die weitere Verbreitung der Gallmücken einzudämmen.

Gemüsewurzelfliegen
Anthomyiidae

Aussehen: Rund 5 mm groß; Körper grauschwarz gefärbt; im dorsalen Brustbereich (Thorax) inseriert 1 Paar Flügel; die Hinterflügel sind zu Schwingkölbchen (Halteren) reduziert; die bis zu 10 mm langen Larven sind madenartig, beinlos (apod) und weißlich gefärbt.

Biologie: Die Flugzeit der Fliegen beginnt ca. Ende April. Die Weibchen legen die Eier, je nach Art, an den jungen Wirtspflanzen oder im Boden ab. Nach dem Schlüpfen beginnen die Larven mit dem Reifungsfraß, wobei sie direkt an den Jungpflanzen oder an den Seiten- und Hauptwurzeln fressen. Je nach Art und Witterung können die Gemüsewurzelfliegen mehrere Generationen pro Jahr hervorbringen. Die Verpuppung findet im Boden statt und die letzte Generation überwintert als Puppe.

Vorkommen: Man findet die Arten an Karotten, Petersilie, Schnittlauch, Sellerie, Kümmel, Kerbel, Dill, Pastinake, Zwiebel, Knoblauch, Karfiol, Kohl, Rettich, Radieschen, Senf und anderen Gemüsepflanzen. Bedeutende Arten sind die Kleine Kohlfliege (*Delia radicum*), die Große Kohlfliege (*Delia floralis*), die Zwiebelfliege (*Delia antiqua*) und die Möhrenfliege (*Psila rosae*).

Schadbild: Befallene Pflanzen vergilben und beginnen zu welken. Junge Kohlpflanzen können umfallen. Die Pflanzen kümmern dahin und sterben schließlich ab. Bei befallenen Zwiebelpflanzen lassen sich die Zwiebelblätter leicht herausziehen. Zieht man die Pflanzen mit den Wurzeln aus dem Boden, erkennt man die angefressenen Haupt- und Seitenwurzeln, deren Fraßgänge an der Außenseite mit Kot gefüllt sind. Wurzeln werden faulig.

Vorbeugung: Förderung der natürlichen Feinde, wie Schlupfwespen, Laufkäfer, räuberische Käfer, Raubwanzen, räuberische Gallmücken, Spinnen, Ohrwürmer, Raupenfliegen etc. Zur Hauptflugzeit kann man die Gemüsekulturen mit Insektennetzen oder Vlies abdecken. Diese sollten seitlich eingegraben werden. Saatzeitpunkt so wählen, dass zur Hauptflugzeit keine Nahrungspflanzen vorhanden sind. Keinen frischen Mist verwenden, da der Geruch sonst die Fliegen anlocken würde. Gemüsekulturen als Mischkulturen anlegen. Mit Rainfarntee bzw. Zwiebel- oder Knoblauchwasser können die Fliegen vergrämt werden. Jungsaat kann mit Rainfarntee bespritzt werden. Die Stängel von Jungpflanzen sollte man vor dem Setzen in Lehmbrei tauchen.

Bekämpfung: Befallene Pflanzen müssen rasch entfernt und vernichtet werden. Sie sollten auch nicht kompostiert werden.

Kirschfruchtfliege
Rhagoletis cerasi

Die Kirschfruchtfliege zählt systematisch zur Familie der Bohrfliegen (*Tephrididae*) und ist der bedeutsamste Schädling im Kirschenanbau.

Aussehen: 4–5 mm groß; Körper schwarz gefärbt mit gelbem, trapezförmigem Rückenschild; im dorsalen Brustbereich (Thorax) inseriert 1 Paar auffällige Flügel, die durchsichtig sind und mehrere dunkle Binden aufweisen; Hinterflügel sind zu Schwingkölbchen (Halteren) modifiziert; am Kopf befinden sich grüne Facettenaugen; die Larven (Maden) sind rund 6 mm lang und weißlich gefärbt.

Biologie: Die Flugzeit der Kirschfruchtfliege ist temperaturabhängig und findet zwischen Mitte Mai und Juli statt. Während dieser Zeit halten sich die Fliegen hauptsächlich im Baumkronenbereich auf. Witterungsabhängig legen sie Ende Mai und Juni ihre Eier an reifende, von Grün auf Gelb wechselnde Kirschen. Nach 6 Tagen Embryonalentwicklungszeit schlüpfen die Maden und wandern vom Stiel her in die Kirschen ein und fressen das Fruchtfleisch (Reifungsfraß). Die Entwicklungszeit der Larven beträgt rund 3 Wochen, danach suchen sie den Boden auf, indem sie sich mit einem Spinnfaden abseilen oder mit der bereits verfaulenden Kirsche abfallen. In etwa 3 cm Bodentiefe verpuppen sie sich in gelben, rund 4 mm langen Tönnchen. Die Tönnchenpuppe überwintert, und die Imagines (adulten Fliegen) schlüpfen im Mai des darauffolgenden Jahres.

Vorkommen: Man findet die Fliege an verschiedenen Süß- und Sauerkirscharten, wie z. B. Traubenkirsche (*Prunus padus*), Vogelkirsche (*Prunus avium*), verschiedenen Heckenkirschenarten (*Lonicera* sp.) und Schneebeerarten (*Symphoricarpos* sp.)

Schadbild: Durch den Madenfraß am Fruchtfleisch der Kirsche werden diese braun, weich und faulig. Die Steine befallener Früchte lassen sich leicht von außen hin- und herschieben, da das Fruchtfleisch um den Stein zerstört ist. Bei starkem Befall, vor allem während wärmerer Perioden, kann die ganze Kirschernte betroffen sein.

Vorbeugung: Förderung der natürlichen Feinde, wie Schlupfwespen, Laufkäfer, räuberische Käfer, Spinnen und Vögel. Frühblühende Sorten auswählen, damit diese bereits blühen, wenn es den Fliegen noch zu kalt ist. Befallene „wurmige" Kirschen vom Baum und Boden abklauben und entfernen. Baumscheiben im Frühjahr mulchen, wodurch das Schlüpfen der Fliegen hinausgezögert wird. 3–5 Wochen nach der Kirschblüte kann man Wermuttee auf die reifenden Kirschen sprühen, damit die Kirschfruchtfliege vergrämt wird.

Bekämpfung: Kurz vor Beginn der Flugzeit der Fliegen, also etwa Anfang Mai, sollten mehrere beleimte Gelbtafeln (Kirschfruchtfliegenfallen) auf die Kirschbäume gehängt werden. Durch die gelbe Farbe werden die Fliegen angelockt und bleiben auf den Tafeln hängen. Um zu vermeiden, dass zu viele Nichtzielorganismen ebenfalls mit den Leimfallen gefangen werden, sollten diese unmittelbar nach der Flugzeit der Kirschfruchtfliege wieder entfernt werden.

Blattwespen
Tenthredinidae

Die Blattwespen sind eine systematische Familie aus der Unterordnung der Pflanzenwespen (*Symphyta*).

Aussehen: 2–20 mm groß; die Wespen weisen eine vielfältige Körperfärbung mit verschiedenen Mustern auf; die Grundfärbung ist je nach Art meistens schwarz oder braun; einige Arten sind auch grün, rot oder gelb gefärbt; der Hinterleib schließt mit breiter Front an den Brustbereich an, d. h. die typische Wespentaille fehlt; am Kopf inserieren 2 lange Fühler, die meist 9-gliedrig sind; bei vielen Arten enden die Fühler mit einer Keule; am Thorax inserieren 2 Paar Hautflügel, die eine deutliche Flügeläderung aufweisen; die Larven sehen den Schmetterlingsraupen sehr ähnlich und werden als „Afterraupen" bezeichnet; im Gegensatz zu diesen, die maximal 5 Bauchbeinpaare aufweisen, besitzen die Afterraupen 6–8 Bauchbeinpaare; die Larven von minierenden Blattwespenarten sind oft beinlos (apod) oder weisen reduzierte Beine auf; weiters unterscheiden sie sich von Schmetterlingsraupen insofern, als sie nur 1 Punktauge auf den Kopfseiten aufweisen, während die Schmetterlingsraupen mehrere Punktaugen besitzen.

Biologie: Die Weibchen legen ihre Eier meist an die Blattstängel ihrer Wirtspflanzen ab. Die daraus schlüpfenden Afterraupen erscheinen im Mai/Juni bzw. August. Die Larven sitzen dann oft in Gruppen auf Blättern, von denen sie sich ernähren. Werden die Larven gestört, nehmen sie eine S-förmige Körperhaltung ein. Die adulten Blattwespen (Imagines) ernähren sich bei den meisten Arten von Blütennektar, es kommen allerdings auch räuberische Arten vor.

Vorkommen: Die Blattwespen sind nahezu weltweit mit rund 9.000 Arten vertreten. In Mitteleuropa kommen etwa 700 Arten vor. Im Garten findet man die Larven auf ihren Wirtspflanzen, wie z. B. Karotten, Senf, Raps, Rosen, Rotklee, Kartoffel, Kohl etc.

Schadbild: Die Afterraupen fressen oft vom Rand her die Blätter an. Einige Arten machen einen typischen Lochfraß. Es gibt auch Arten, die Gallenbildungen bei ihren Wirtspflanzen induzieren können.

Vorbeugung: Förderung der natürlichen Feinde der Blattwespen, wie Laufkäfer, Schlupfwespen, Raupenfliegen und Vögel.

Bekämpfung: Befallene Blätter mit den Blattwespenlarven können entfernt werden. Eine Bekämpfung mit Insektiziden ist im landwirtschaftlichen Bereich oft nicht zu vermeiden, im Garten aber nicht notwendig.

Blattschneiderbiene
Megachile sp.

Aussehen: 7–21 mm groß; der Körper ist dunkel gefärbt und weist helle, gelbliche Haare auf; die Bienen weisen einen breiten Kopf, Brustbereich (Thorax) und Hinterleibsbereich

(Abdomen) auf; die Weibchen besitzen einen dorsal abgeflachten Hinterleib und auf der Bauchseite eine auffällig gefärbte Bauchbürste, mit der sie den Pollen transportieren können; die Männchen besitzen keine Bauchbürste; ihre beiden letzten Hinterleibsringe sind nach unten eingekrümmt; am Kopf inserieren lange, spitze Mandibeln; die häutigen Flügel sind transparent oder rauchig getrübt; die Larven sind weißlich gefärbt, relativ dick, beinlos und bauchwärts gekrümmt.

Biologie: Blattschneiderbienen sind solitär lebende Bienen, d. h. sie leben nicht in einem sozialen Insektenstaat, wie z. B. die Honigbiene. Sie bauen ihre Nester in Baumlöchern, Mauerspalten und anderen Hohlräumen, wo sie Brutzellen anlegen, die mit abgeschnittenen Blattstückchen austapeziert werden. In jede dieser

Zellen legt ein Weibchen ein Ei und gibt genügend Pollenvorrat hinein. Anschließend verschließt das Weibchen die Zelle mit einem weiteren Blattstückchen. Die ausgeschlüpften Larven ernähren sich vom bereitgestellten Pollenvorrat. Nach einer gewissen Zeit spinnen sie sich in einen Kokon ein und überwintern in diesem Puppenstadium. Im darauffolgenden Frühjahr schlüpfen die Jungbienen.

Vorkommen: Blattschneiderbienen sind nahezu weltweit verbreitet. Man findet sie häufig im Bereich menschlicher Behausungen bzw. in Gärten, ein Phänomen, das als Synanthropie bezeichnet wird.

Schadbild: Blattschneiderbienen schneiden kreisrunde bzw. halbkreisförmige Pflanzenteile heraus. In der Regel werden die Pflanzen davon kaum beeinträchtigt. Werden der Pflanze jedoch viele Blatteile entnommen, kann sie physiologisch geschwächt werden.

Vorbeugung: Obwohl die Blattschneiderbienen von so manchem Gärtner als Schädling betrachtet werden, sind sie als Bestäuber von Blütenpflanzen eher nützlich. Es sind daher keine Maßnahmen gegen sie zu ergreifen.

Bekämpfung: siehe Vorbeugung.

Schnellkäfer
Elateridae

Schnellkäfer sind eine artenreiche Käferfamilie, die ihren Namen der Fähigkeit verdanken, sich durch Zurückschnellen des Kopfes selbst in die Luft zu katapultieren.

Aussehen: 0,5–80 mm groß (artspezifisch); mitteleuropäische Arten sind eher kleiner; gelbliche oder braune Färbung; Flügeldecken (Elytren) gestreift; sie bedecken den ganzen Hinterleib; Kopf eher klein und unter dem Prothorax (vorderer Brustbereich) teilweise verborgen; Larven (Drahtwürmer) werden bis 25 mm lang; sie besitzen einen wurmförmigen, drehrunden, scheinbar segmentierten Körper, der weißlich-gelb bis hellbraun gefärbt und stark chitinisiert ist; im Vorderbereich haben die Larven 3 Paar Stummelbeinchen; der Drahtwurmkopf ist braun gefärbt.

Biologie: Die Schnellkäferweibchen legen im Juni und Juli ihre Eier in den Boden ab. Nach einer einmonatigen Embryonalentwicklungszeit schlüpfen die Larven, die bei den Schnellkäfern Drahtwürmer genannt werden. Sie verpuppen sich im Hochsommer im letzten Larvenstadium. Der 1–2 Wochen später schlüpfende Jungkäfer überwintert im Puppenlager im Boden. Die Entwicklungszeit vom Ei bis zum Jungkäfer ist temperaturabhängig und dauert 3–5 Jahre.

Vorkommen: Die Schnellkäfer sind weltweit verbreitet. Von den rund 8.000 Arten kommen in Mitteleuropa rund 150 Arten vor. Man findet Schnellkäfer in Wald, Feld und Garten.

Schadbild: Der Fraß der adulten Käfer ist bedeutungslos. Die Larven (Drahtwürmer) verursachen einen Fraßschaden an den Wurzeln, wodurch die Pflanzen geschwächt werden, vergilben und schließlich absterben. Die Drahtwürmer verursachen auch Fraßlöcher in Kartoffeln und Karotten, die dann verfaulen.

> **Vorbeugung:** Förderung der natürlichen Feinde, wie Maulwurf, Spitzmaus, Laufkäfer, Vögel, Kröten etc. Gartenboden regelmäßig umstechen und auflockern. Einbringen von frischem Grün in den Boden vermeiden.

> **Bekämpfung:** Drahtwurmköder auslegen und die daran anheftenden Drahtwürmer entfernen. Als Köder dienen z. B. halbierte Kartoffeln oder Karottenscheiben, die mit der Schnittfläche nach unten in die Erde gedrückt werden. Diese Köder werden täglich auf Drahtwurmbefall hin überprüft. Ebenso können Salate als Fangpflanzen gesetzt werden. Nach dem Verwelken werden diese vorsichtig ausgegraben und die anhaftenden Drahtwürmer abgeklaubt. Mittels Pheromonfallen kann die Befallsdichte festgestellt werden. Der Einsatz von Pheromonfallen setzt aber entsprechende Fachkenntnisse voraus und sollte daher den Experten vorbehalten bleiben. Ein unsachgemäßer Einsatz von Pheromonfallen kann auch negative Effekte haben, indem man zusätzliche Schnellkäfer anlockt. Biologisch können die Drahtwürmer bekämpft werden, indem man ihre natürlichen Feinde im Garten fördert. Dabei ist zu beachten, dass Maulwürfe, die unter anderem auch Drahtwürmer fressen, keine gern gesehenen Gäste im Garten sind.

Flohkäfer = Erdflöhe
Chrysomelidae – Alticinae

Aussehen: Je nach Art 2–4 mm groß; gelb oder dunkelblau bis schwarz schillernd gefärbt; einige Arten haben gelbschwarz gestreifte Flügeldecken; Körperform länglich-oval und gerundet; Fühler mehrgliedrig und meist fadenförmig; hinteres Beinpaar mit verdickten Schenkeln (Sprungbeine); Larven sind etwa 1 mm lang und können bereits springen.

Biologie: Die Erdflohweibchen legen ihre Eier ab Mai am Boden unter Pflanzen ab. Die nach einiger Zeit ausschlüpfenden Larven verkriechen sich relativ rasch in den Boden, wo sie an den Wurzeln der Pflanze zu fressen beginnen. Der Wurzelfraß der Larven ist aber harmlos. Die Larven verpuppen sich in etwa 20 cm Bodentiefe, und im Juni erscheinen die ersten Käfer der Sommergeneration. Abhängig von den Umweltbedingungen können mehrere Generationen pro Jahr hervorgehen. Die Käfer überwintern im Boden, in Mulchschichten, unter Laub oder auch in Holzhaufen. Im darauffolgenden Frühling verlassen sie ihr Winterquartier und suchen Setzlinge auf, an deren zarten Blättern sie zu fressen beginnen.

Vorkommen: Erdflöhe sind nahezu weltweit verbreitet. Man findet sie vor allem an Kohlgewächsen, Radieschen, Rettich, Rüben und Rucola.

Schadbild: Die befallenen Pflänzchen zeigen an ihren Blättern kleine, wenige Millimeter große, runde Löcher, bei denen die obere und untere Blatthaut erhalten bleibt (Fensterfraß). Bei Trockenheit oder Kälte können die Käfer so viel Assimilationsfläche vernichten, dass die Pflänzchen eingehen. Schüttelt man befallene Pflänzchen, springen die Käfer hoch.

Vorbeugung: Förderung der natürlichen Feinde, wie Laufkäfer, räuberische Käfer, Schlupfwespen und Spitzmäuse. Regelmäßiges Gießen und Mulchen des Bodens. Boden regelmäßig lockern. Pflanzenkulturen können durch ein feinmaschiges Gemüsenetz oder Vlies geschützt werden. Auch ein Bespritzen des Bodens mit Pflanzenjauche wirkt vorbeugend. Es empfiehlt sich das Anlegen von Mischkulturen, in denen auch Salate und Spinat enthalten sind.

Bekämpfung: Befallene Pflanzen gut durchschütteln. Dadurch werden die Käfer aufgeschreckt, springen hoch und werden so vertrieben. Zusätzlich kann man die aufspringenden Käfer mit einer Leimfalle (Brett mit Insektenleim beschmieren) abfangen. Pflanzen und Boden fein mit Gesteinsmehl bestäuben. Nach dem Vertreiben der Käfer sollte man den Pflanzenboden gut durchlockern (hacken), gießen und mulchen. Pflanzen kann man auch mit Wermut- oder Rainfarnbrühe regelmäßig besprizten.

Kartoffelkäfer
Leptinotarsa decemlineata

Familie: *Chrysomelidae* (Blattkäfer)

Aussehen: 6–15 mm groß; Körper gelb gefärbt; am Halsschild besitzt er schwarze Flecken; Flügeldecken bedecken den ganzen Hinterleib und weisen 10 schwarze Längsstreifen auf; Am Kopf inseriert 1 Paar mehrgliedriger Fühler; die etwa 15 mm langen Larven sind rundlich gewölbt und haben eine orange bis rote Körperfärbung; der gut ausdifferenzierte Larvenkopf ist schwarz; an den Körperseiten besitzen sie schwarze Flecken; im Brustbereich inserieren 3 Paar Beinpaare.

Biologie: Das Weibchen legt ihre rund 1,2 mm langen, milchigweißen Eier in Gruppen von 20–80 Stück an die Blattunterseite der Wirtspflanzen, wo sie ausreichend vor Regen und Sonneneinstrahlung geschützt sind. Insgesamt legt ein Weibchen von Mai bis August bis zu 800 Eier ab. Die Eier verfärben sich bald gelblich, und nach einer kurzen Embryonalentwicklungszeit von rund 10 Tagen schlüpfen die leuchtendroten, mit schwarzen Flecken versehenen Larven. Diese beginnen sofort mit dem Reifungsfraß an ihren Wirtspflanzen, wobei der Futterverbrauch erheblich ist. Nach 2–3 Wochen zeigen sie eine eher orange Körperfärbung und kriechen in den Boden, um sich zu verpuppen. Nach rund 2 Wochen schlüpft der Jungkäfer, der noch mindestens 1 Woche in der Erde bleibt, bis seine Körperdecke ausreichend erhärtet ist. Auch die Imagines (adulten Käfer) fressen Pflanzengewebe. Der Käfer bildet 1–2 Generationen pro Jahr.

Vorkommen: Die Art stammt ursprünglich aus Nordamerika, wo sie bereits 1824 im Staat Colorado auf Nachtschattengewächsen beschrieben wurde. Heute ist sie nahezu weltweit und auch in weiten Teilen Europas verbreitet. Man findet den Kartoffelkäfer auf Kartoffeln, Tomaten, Bilsenkraut und Tollkirschen.

Schadbild: Befallene Pflanzen zeigen zuerst einen Lochfraß an den Blättern und in weiterer Folge einen vom Rand ausgehenden Skelettierfraß.

Vorbeugung: Förderung der natürlichen Feinde, wie Laufkäfer, Raubwanzen, Raupenfliegen und Erdkröten. Pflanzenbeete mit feinkörnigem Silikatsteinmehl einpudern. Ein Bespritzen mit Farnkrauttee wirkt vergrämend auf die Käfer. Ebenfalls sollte mit Farnkraut gemulcht werden. Beim Ernten ist darauf achten, dass die Pflanzen sauber abgeerntet werden. Eine Bodenbearbeitung sollte im Herbst durchgeführt werden, da die Tiere im Boden überwintern.

Bekämpfung: Käfer und Larven können händisch abgesammelt, entfernt und vernichtet werden. Größere Flächen können biologisch mit *Bacillus thuringiensis tenebrionis*-Präparaten behandelt werden. Da man dieses Präparat gegen die Junglarven richtet, ist auch auf den richtigen Applikationszeitpunkt zu achten.

Lilienhähnchen
Lilioceris lilii

Aussehen: 6–8 mm groß; die Flügeldecken und das Halsschild sind glänzend rot gefärbt; der Kopf, die Fühler, das Schildchen und die Beine sind schwarz; die Flügeldecken bedecken den ganzen Hinterleib; die Larven sind hellbraun und besitzen eine dunkle, chitinisierte Kopfkapsel; sie besitzen 3 Beinpaare.

Biologie: Nach der Paarung (Kopula) legt ein Weibchen bis zu 300, rund 1 mm große, rote, zylinderförmige Eier in kleinen Gruppen auf der Blattunterseite seiner Wirtspflanzen (Liliengewächse) ab. Die nach einigen Tagen schlüpfenden Larven ernähren sich, wie die adulten Tiere, vom Blattgewebe. Die Larven halten sich dabei blattunterseits auf. Zur Tarnung sind sie von einem Erdklumpen-ähnlichen Kothäufchen umgeben. Nach einer Fressperiode von 2–3 Wochen kriecht die ausgewachsene Larve zum Boden und verpuppt sich dort. Nach weiteren 1–2 Wochen schlüpft der fertig entwickelte Jungkäfer. Die Käfer können bis zu 3 Generationen pro Jahr ausbilden, wobei man sie von April bis Juni sowie im September auf ihren Fraßpflanzen antrifft.

Vorkommen: Lilienhähnchen sind in Europa, Asien und Nordafrika verbreitet. Darüber hinaus wurden sie auch nach Nordamerika eingeschleppt. Man findet sie in Gärten, Feuchtwiesen, Uferzonen etc. vorwiegend auf Liliengewächsen.

Schadbild: Einen Lilienhähnchen-Befall erkennt man relativ leicht durch die Anwesenheit der Käfer bzw. deren Larven. Die Blätter werden vom Rand her halbkreisförmig abgefressen. Am Fraßrand bilden sich braune Ränder aus.

Vorbeugung: Pflanzen regelmäßig auf Käfer und Larven kontrollieren. Komposthaufen weit entfernt vom Garten anlegen.

Bekämpfung: Mechanisch durch Abklauben und Töten der Käfer und Larven. Eigelege können mit einem Taschentuch weggewischt werden. Bei starkem Befall empfiehlt sich der Einsatz von Spritzmitteln (Insektizide).

Maikäfer
Scarabaeidae

Zu den Maikäfern werden mehrere Käferarten aus der Familie der Blatthornkäfer (*Scarabaeidae*) zusammengefasst. Die bedeutendsten Arten in Mitteleuropa sind der Feldmaikäfer (*Melolontha melolontha*) und der Waldmaikäfer (*Melolontha hippocastani*). Etwas seltener findet man in Mitteleuropa auch die Art *Melolontha pectoralis*.

Aussehen: 20–30 mm groß; Kopf, Halsschild und Hinterleib sowie Körperunterseite schwärzlich gefärbt; Flügeldecken (Elytren) braun und mit deutlichen Längsrippen versehen; am Kopf inseriert ein Paar geknieter Fühler, die bei den Männchen am Ende 7 lange Blätter aufweisen; die Fühler der Weibchen weisen am Ende 6 kürzere Blätter auf; Larven werden bis zu 65 mm lang; sie sind weißlichgelb gefärbt und bauchwärts gekrümmt (Engerlingslarven); sie weisen 3 Paar Brustbeine auf und haben einen deutlich ausdifferenzierten bräunlich gefärbten Kopf.

Biologie: Die Flugzeit von Maikäfern findet im April und Mai statt, wo sie in den Dämmerungs- und Abendstunden schwärmen. Nach einer Fressperiode legt ein Maikäferweibchen etwa 10–30 in Häufchen zusammengefasste, gelbliche, runde Eier in 5–25 cm Tiefe in den Boden ab. Danach fliegt das Weibchen wieder zum Fressen in Wald und Obstplantagen sowie -gärten. Nach dieser Fressphase kommt es zu einer weiteren Eiablage im Boden, wobei das zweite Eigelege weniger umfangreich als das erste ist. Es enthält rund 20 Eier. Nach einer dritten Fraßperiode legt das Weibchen ein drittes, kleines Gelege. Nach 4–6 Wochen ist die Embryonalentwicklung abgeschlossen und die Larven (Engerlinge) schlüpfen. Die Engerlingslarven brauchen 3–5 Jahre, ehe sie sich verpuppen und die Metamorphose zum adulten Käfer durchmachen. Die Larven ernähren sich von humosen Stoffen und von Pflanzenwurzeln. Das letzte Larvenstadium verpuppt sich im Sommer, und schon am Ende des Sommers schlüpft der adulte Jungkäfer, der überwintert und im nächsten Frühjahr aus dem Boden kommt.

Vorkommen: Die Käfer sind nahezu über ganz Europa verbreitet. Man findet sie an verschiedenen Laubhölzern, wie Ahorn, Eichen, Buchen, Birken, Ebereschen, Pappeln, Nussbäumen, Kastanien, Obstbäumen und Koniferen, wie die Lärche und Douglasie. Darüber hinaus befallen sie auch verschiedene Gräser, Gurken, Rüben und Salate.

Schadbild: Die adulten Käfer fressen Blätter ihrer Wirtsbäume. Bei Massenbefall kann die Wirtspflanze kahl gefressen werden. In der Regel werden fehlende Blätter von den Pflanzen im Juni durch Neuaustriebe wieder ersetzt (Johannistriebe). Der Engerlingsfraß an den Wurzeln der Pflanzen kann so schwerwiegend sein, dass die Pflanzen geschwächt und bei einem Sturm entwurzelt werden.

Vorbeugung: Förderung der natürlichen Feinde, wie z. B. Fledermäuse, Eulen, Krähen, Spatzen, Amseln, Igel, Spitzmäuse, Maulwürfe, Dolchwespen, Raupenfliegen etc. Boden regelmäßig lockern und gut gießen. Beete während der Flugzeit mit Plastikbahnen oder Vlies abdecken. Löwenzahn ansetzen, da diese Pflanzen von den Maikäfern bevorzugt werden. Finden sie davon genug vor, werden andere Pflanzen meist verschont. Mit der Applikation einer Knoblauchbrühe kann man Maikäfer vergrämen.

Bekämpfung: Adulte Käfer können von den Pflanzen geschüttelt und abgeklaubt werden. Engerlinge kann man mit der Pferdemistfalle gut fangen. Dazu vermischt man in mehreren kleinen Kübelchen Pferdemist mit Kompost und gräbt diese im Herbst an verschiedenen Stellen etwa 50 cm tief in den Boden ein. Im zeitigen Frühjahr gräbt man die Pferdemistfallen wieder aus und kann die dort angefundenen Engerlingslarven vernichten.

Verwandte und ähnliche Arten aus der Familie der Blatthornkäfer: Walker (*Polyphyllo fullo*), Gartenlaubkäfer (*Phyllopertha horticola*), Junikäfer (*Amphimallon solstitialis*) und Rosenkäfer (*Cetonia aurata*)

Frostspanner
Geometridae

Zur Familie der Frostspanner werden Arten aus der Ordnung der Schmetterlinge (*Lepidoptera*) aus der Familie der *Geometridae* zusammengefasst. Bedeutende Arten im Garten sind der Kleine Frostspanner (*Operophtera brumata*) und der Große Frostspanner (*Erannis defoliaria*).

Aussehen: Kleiner Frostspanner: Männchen mit Flügeln, die eine Spannweite von 22–28 mm aufweisen; Flügel graubraun gefärbt mit dunklen Wellenlinien; Weibchen dunkelbraun gefärbt mit gelbgrauen Sprenkeln versehen; es hat nur kurze Flügelstummeln und ist flugunfähig; die 2,5 cm langen Larven (Raupen) sind hellgrün gefärbt und weisen eine dunkelgrüne Linie auf dem Rücken und gelbe Streifen an den Körperseiten auf;
Großer Frostspanner: Männchen mit Flügeln, die eine Spannweite von 35–38 mm aufweisen; Flügel blassgelb gefärbt mit rötlich-braunem Muster; Weibchen ist schwarz-gelb gesprenkelt und rund 7 mm groß; Flügel sind nur rudimentär (Flügelstummeln) vorhanden; es ist daher flugunfähig; Raupen sind rotbraun gefärbt und weisen helle Flecken auf; auf der Bauchseite sind sie schwefelgelb gefärbt;

Biologie: Die Flugzeit der Falter findet in den Monaten Oktober bis Dezember/Jänner statt. Die flugunfähigen Weibchen kriechen an Baumstämmen hoch, wo sie durch Pheromone die Männchen anlocken und begattet werden. Nach der Kopulation legen die Weibchen 100–300 ovale Eier in Rindenvertiefungen ab. Die im Frühjahr schlüpfenden Raupen bewegen sich typisch buckelig fort und fressen an jungen Blättern, Blüten und kleinen Früchten. Werden die Raupen dabei gestört, seilen sie sich mit einem dünnen Spinnfaden ab. Ab Juni seilen sich die Raupen dann zum Boden ab und verpuppen sich im Erdreich. Im Herbst schlüpfen die Falter.

Vorkommen: In Nord- und Mitteleuropa sowie Asien verbreitet. Man findet sie an früh blühenden Obstbäumen, wie Äpfel, Kirschen und Birnen sowie an Laubgehölzen, wie Eichen, Buchen, Linden, Ulmen, Birken, Weißdorn, Hainbuchen und Haselnüssen. Darüber hinaus befallen sie auch Ribiseln und Stachelbeeren.

Schadbild: An den befallenen Pflanzen kann man die umherkriechenden und fressenden Spannerraupen sehen. Blüten und Blätter weisen typische Fraßspuren auf. Früchte weisen flache, löffelartige Aushöhlungen auf.

Vorbeugung und Förderung der natürlichen Feinde, wie Schlupfwespen, Raupenfliegen, Spinnen, räuberische Käfer und Vögel (auch Hühner). Durch das Anbringen von Vogelnistkästen kann man Vögel anlocken.

Bekämpfung: Um die weiblichen Falter zu dezimieren, sollte man ab Ende September bis Dezember Leimringe an den Stämmen anbringen und später verbrennen. Hühner vor allem in den Monaten Mai und Juni frei laufen lassen. Diese fressen die Spannerraupen und tragen so dazu bei, die Population zu dezimieren.

Eulen
Noctuidae

Unter der Familie Eulen werden verschiedene Schmetterlingsarten (*Lepidoptera*) zusammengefasst, deren Raupen als Erdraupen bezeichnet werden. Bedeutende Vertreter im Garten sind die Kohleule (*Mamestra brassicae*), die Gemüseeule (*Lacanobia oleracea*), die Wintersaateule (*Agrotis segetum*), die Gammaeule (*Autographa gamma*) und die Hausmutter (*Noctua pronuba*).

Aussehen: Die adulten Tiere sind typische Nachtfalter und meist grau gefärbt; die Flügel sind in Ruhestellung dachartig zusammengelegt und weisen eine Spannweite von 4–5 cm auf; die bis zu 5 cm langen Raupen sind je nach Art grün oder grau-braun gescheckt bzw. behaart oder unbehaart.

Biologie: Die Eulenfalter fliegen im Spätfrühling. Nach der Kopulation legen die Weibchen im Juni bis Juli 20–80 etwa 0,5 mm große, weiße, mit dunklem Punkt versehene Eier geometrisch ab. Die Embryonalentwicklungszeit ist nach wenigen Tagen beendet und die Raupen schlüpfen. Sie sind vorwiegend nachtaktiv und beginnen an ihren Wirtspflanzen zu fressen. Während der Fraßzeit wachsen sie relativ schnell. Einige Eulenarten können im Spätsommer eine 2. Faltergeneration hervorbringen. Die nachtaktiven Raupen verstecken sich tagsüber im Boden. Hier erfolgt die Verpuppung in einer Erdhöhle. Die rund 2 cm große Puppe überwintert.

Vorkommen: Eulenfalter sind nahezu weltweit verbreitet. Die Raupen fressen an Gemüsepflanzen, wie z. B. Salat, Karotten, Kohlarten, Zwiebeln und Erdbeeren.

Schadbild: Durch den Raupenfraß entstehen unregelmäßig geformte Fraßlöcher an Blättern, Jungtrieben, Stängeln, Wurzeln und Knollen. Im Bereich der Fraßstellen sind Kotspuren zu sehen. Die Fraßspuren findet man an der Erdoberfläche.

Vorbeugung: Förderung der natürlichen Feinde, wie z. B. Igel, Vögel, Spitzmäuse, Laufkäfer, räuberische Käfer, Weichkäfer, Schlupfwespen, Fledermäuse,

Erdkröten, Maulwürfe. Boden regelmäßig lockern, gut gießen, mulchen und frei von Wildkräutern (Unkraut) halten. Gefährdete Pflanzen nach Raupen absuchen. Mischkulturen anlegen, in denen stark riechende Pflanzen, wie Tomaten und Sellerie, beigemischt sind. Pflanzen kann man mit Rainfarn- und Wermuttee gießen. Hühner sollten im Frühling und Herbst frei herumlaufen können, damit sie an den Beeten nach Eulenraupen scharren können.

Bekämpfung: Eulenraupen kann man nächtens mit einer Taschenlampe händisch abklauben. Den Boden um befallene und absterbende Pflänzchen sollte man aufgraben. Biologisch können Eulenraupen mit *Bacillus thuringiensis*-Präparaten bekämpft werden.

Gespinstmotten
Yponomeutidae

Die Familie der Gespinstmotten umfasst verschiede Arten aus der Ordnung der Schmetterlinge (*Lepidoptera*), deren Larven meist gesellig unter ihren zeltartigen Gespinsten leben.

Aussehen: Je nach Art 9–25 mm groß; die Falter sind weißgrau gefärbt; die Vorderflügel weisen eine schwarze Sprenkelung auf und sind seitlich gefranst; die Hinterflügel sind grau gefärbt; der Scheitel ist rau behaart; am  Kopf sitzen die Facettenaugen; es gibt keine Punktaugen (Ocellen); die 15–20 mm langen Raupen sind gelb und mit schwarzen Tupfen versehen.

Biologie: Die Flugzeit der Motten findet von Juni bis August statt. Die Weibchen legen ihre Eier an dünnen Zweigen unter einer schützenden Sekretschicht ab. Nach einer mehrwöchigen Embryonalentwicklungszeit schlüpfen die Larven im Herbst und überwintern unter der schützenden Sekretschicht. Im Frühjahr kommen die Raupen schließlich hervor und beginnen mit ihrem Reifungsfraß an Knospen und Blättern von Obstbäumen. In den Monaten Mai und Juni bilden sie weiße dichte Gespinste, unter denen sie sich aufhalten. Ende Juni verpuppen sich die Raupen in ihrem Gespinst in einem Kokon. Sie bilden eine Generation pro Jahr. Die Gespinste der Gespinstmotten in Obst- und einigen Laubbäumen dienen auch den Larven des Goldafters (*Euproctis chrysorrhoea*) als Winterquartier.

Vorkommen: Gespinstmotten sind nahezu weltweit verbreitet. Man findet sie auf Obstgehölzen, wie Apfel, Birne, Zwetschke, Pfirsich, Marille, Quitte, Kirsche, und weiteren Laubgehölzen, wie Weißdorn, Faulbaum, Weide, Schlehe und anderen. Bedeutende Arten sind die Apfelbaumgespinstmotte (*Ypono-*

meuta *malinellus*) und die Pflaumengespinst-
motte (*Yponomeuta padellus*).

Schadbild: Befallene Pflanzen kann man ab
April an den Raupen erkennen, die zunächst die
gerade austreibenden Knospen anfressen und
später auf jungen Blättern minieren. Im weiteren Verlauf beginnen sie die Blätter mit ihrem
Gespinst zusammenzuspinnen, um sie dort durch
ihren Fraß zu skelettieren. Die Gespinste sind mit
Kotpartikeln durchsetzt. Bereits im Juni können
die Gespinste so ausgedehnt sein, dass ganze
Äste oder gar die ganze Pflanze in Mitleiden-
schaft gezogen wird. Durch den Verlust an
Assimilationsfläche werden die Pflanzen bei
starkem Befall physiologisch geschwächt und
es kann zu einem Zuwachs- und Ernteverlust
kommen.

Vorbeugung: Förderung der natürlichen
Feinde, wie Schlupfwespen, Raupenfliegen, Raubwanzen und Vögel. Während
des Winterschnittes sollten die Triebe
auf Eigelege hin untersucht und bei Vorhandensein abgekratzt werden. Weißdorn im Obstgarten zieht die Pflaumen-
gespinstmotte an.

Bekämpfung: Auftretende Raupen und
minierte Blätter entfernen und vernichten. Gespinste so früh wie möglich he-
rausschneiden oder mit einem starken Wasserstrahl abspritzen. Bevor die
Gespinste gebildet werden, kann man
auch eine Schmierseifen-Spiritus-Brühe
auf die Pflanzen spritzen. Generell ist eine Austriebsspritzung wirksamer als eine Spritzung nach dem Austrieb, da die
Raupen unter ihrem Gespinst besser geschützt sind.

Rosskastanienminiermotte
Cameraria ohridella

Aussehen: 4–5 mm groß; Vorderflügelspann-
weite rund 3,5 mm; Vorderflügel rostbraun bis
ockerfarben gefärbt und mit schwarzen und
weißen Streifen versehen; Vorder- und Hinterflügel sind mit langen Fransen versehen, die
das Driften in der Luft erleichtern.

Biologie: Der Hauptflug der ersten Generation koinzidiert mit der Hauptblüte der Rosskastanie. Die Falter schwärmen vorwiegend
bei Sonnenschein in den frühen Morgenstunden bis rund 14 Uhr. Die Flugzeit einer
Generation dauert rund 3–4 Wochen. Im Jahr
werden mindestens 2–3 Generationen gebildet, die einander teilweise überschnei-

den. Nach der Kopula legt ein Weibchen bis zu 40 rund-ovale, weißlich-transparente, 0,3–0,4 mm große Eier auf der Blattoberseite im Bereich der Blattnerven 3. Ordnung ab. Insgesamt werden auf einem Rosskastanienblatt bis zu 300 Eier von verschiedenen Weibchen abgelegt. Nach einer Embryonalentwicklungszeit von 2–3 Wochen schlüpfen die Larven und beginnen im Palisadenparenchym auf der Oberseite der Blätter zu minieren. Der Reifungsfraß der Larven beträgt rund 3–4 Wochen. Die Larven sind dann etwa 7 mm lang und häuten sich zu gelbgrün gefärbten Einspinnlarven. Diese fertigen in der Blattmine einen seidigen, linsenförmigen Kokon und verpuppen sich. Nach etwa 3 Wochen schlüpfen die adulten Jungfalter der Frühjahrs- und ersten Sommergeneration. Die Puppen der späteren Sommer- und Herbstgeneration fallen mit den Blättern ab und überwintern in der Blattstreu. Die Puppen können bis zu mehrere Jahre überliegen und bilden die Basis für einen relativ raschen Populationsaufbau der Rosskastanienminiermotte.

Vorkommen: In Europa wurde sie das erste Mal Anfang der 1980er Jahre in Mazedonien beschrieben. Seitdem breitet sie sich zunehmend über Europa aus. Man findet sie vor allem an weißblühenden Rosskastanien (*Aesculus hippocastanum*) in Parks, Gärten und Alleen.

Schadbild: Befallene Blätter zeigen zunächst hell durchscheinende, kommaförmige Minen, die in weiterer Folge kreisförmig erweitert werden. Im weiteren Verlauf wird das Gewebe zwischen den Nerven an der Blattoberseite von den Larven derart ausgefressen, dass 3–4 cm lange ockerfarbene Platzminen entstehen, die bei Massenbefall zusammenflie-

ßen können. In den Minen, die nur von der Blattoberseite erkennbar sind, sieht man deutlich dunkle Kotpartikel und die Larven. Befallene Bäume zeigen bereits im Hochsommer stark verbräunte Blätter auf. Der Verlust an Assimilationsfläche verursacht einen physiologischen Stress bei den Rosskastanien und führt zu verminderter Zuwachsleistung.

Vorbeugung: Regelmäßige Kontrolle der Rosskastanien. Abgefallenes Laub muss vollständig entfernt werden, da sich in diesem auch die Puppenstadien befinden, die in der Laubstreu überwintern. In 1 kg Kastanienlaub können bis zu 4.000 Puppen der Rosskastanienminiermotte sein. Bei starkem Befall ist die Entfernung des Falllaubs während der gesamten Vegetationsperiode notwendig. Durch Pheromonfallen kann die Miniermottenpopulation kontrolliert werden.

Bekämpfung: Chemisch wird die Rosskastanienminiermotte mit dem insektiziden Präparat Dimilin (Wirkstoff: Diflubenzuron) bekämpft. Die Applikation von Dimilin erfolgt im April/Mai kurz vor der Rosskastanienblüte. Dimilin wirkt ovizid (eitötend) und larvizid (larventötend). Biologisch kann die Rosskastanienminiermotte derzeit nicht effektiv bekämpft werden, obwohl es doch den einen oder anderen Fressfeind, wie z. B. Kohl- und Blaumeisen, Schlupfwespen (*Ichneumonidae*), Erzwespen (*Chalcidoidae*) und Brackwespen (*Braconidae*) gibt.

Kohlweißling
Pieridae

Die Familie der Weißlinge und Gelblinge enthält mehrere Schmetterlingsarten, darunter auch den Großen Kohlweißling (*Pieris brassicae*) und den Kleinen Kohlweißling (*Pieris rapae*).

Aussehen:
Großer Kohlweißling: Flügelspannweite bis 60 mm; Flügel cremeweiß gefärbt mit schwarzen Vorderflügelspitzen und einigen wei-

teren schwarzen Flecken; am Kopf inseriert 1 Paar Fühler, die eine Endkeule aufweisen; die rund 40 mm langen Larven sind behaart, graugelb gefärbt und weisen schwarze Flecken und gelbe Längsstreifen auf; die Puppen sind grünlich und schwarz gesprenkelt; die gelben, spindelförmigen und gerippten Eier werden in Gruppen bis zu 50 Stück abgelegt.

Kleiner Kohlweißling: Flügelspannweite von 20–40 mm; die Flügelaußenseite ist weiß; am Kopf inseriert 1 Paar Fühler, die eine Endkeule aufweisen; die rund 25–30 mm langen Larven sind mattgrün und mit gelbgrünen Streifen sowie kleinen schwarzen Punkten versehen; die gelben, spindelförmigen und gerippten Eier werden einzeln abgelegt.

Vorkommen: Die Falter sind von Nordafrika bis Skandinavien weit verbreitet und kommen fast überall dort vor, wo sie Futterpflanzen (Kreuzblütler und Kohlgewächse) vorfinden. Man findet sie vor allem an Kohlpflanzen, was diesen Schmetterlingen auch ihren Namen eingebracht hat. Darüber hinaus kommen sie auf Kapuzinerkresse, Raps, Kren, Radieschen, Rucola und anderen Kreuzblütlern vor.

Biologie: Die Raupen leben in Kolonien. Die Überwinterung erfolgt im Puppenstadium an Baumstämmen, Wänden oder Zäunen. Die erste Faltergeneration schlüpft im April/Mai. Die Weibchen legen ihre Eier an die Blattunterseite von wilden Kreuzblütlern und Kohlgewächsen ab. Nach einer Embryonalentwicklungszeit von 1–2 Wochen schlüpfen die Raupen, die mit dem Reifungsfraß beginnen und sich nach einigen Wochen verpuppen. Die im Juli schlüpfende 2. Faltergeneration fliegt schließlich den Kohl an und legt dort ihre Eier ab. Die ausschlüpfenden Larven dieser Generation richten im Sommer durch ihren Reifungsfraß den größten Schaden an. Im Herbst suchen sie ihre Überwinterungsorte auf und verpuppen sich dort.

Schadbild: Die Kohlblätter sind durchlöchert und bis auf die Rippen skelettiert. Die Raupen des Kleinen Kohlweißlings können auch bis in die Kohlköpfe vordringen.

Vorbeugung: Förderung der natürlichen Feinde, wie räuberische Käfer, Brack- und Schlupfwespen sowie Vögel. Mischkulturen vorbeugend anlegen, die auch Tomaten und Sellerie enthalten. Ab Juli kann man die Gemüsebeete mit Insektenschutznetzen überspannen und ringsum eingraben. Darüber hinaus kann man die Schmetterlinge mit Rainfarn-, Lavendel-, Knoblauch-, Tomaten- oder Wermutbrühe vergrämen.

Bekämpfung: Eigelege und Raupen können händisch abgeklaubt und entfernt werden. Biologisch können die Arten mit *Bacillus thuringiensis*-Präparaten, die gegen die Junglarven gerichtet sind, bekämpft werden.

Lauchmotte
Acrolepiopsis assectella

Aussehen: Flügelspannweite 15–18 mm; Falter braungrau gefärbt mit dunkleren, hellgefleckten Vorderflügeln und etwas helleren Hinterflügeln, die am Rand gefranst sind; in Ruhehaltung ergeben die zusammengelegten Flügel in der Mitte einen großen weißen Fleck und kleiner Zeichnungen darunter; die bis zu 13 mm langen Raupen sind gelblich-weiß bis grünlich gefärbt und weisen eine schwarze Punktierung auf; sie haben einen deutlich ausdifferenzierten, ockerfarbenen Kopf.

Biologie: Die Art überwintert normalerweise als Imago, kann aber auch als Puppe überwintern. Sie bildet 2, manchmal auch 3 Generationen pro Jahr. Die Flugzeit der 1. Generation beginnt in den Monaten April/Mai und

dauert bis in den Juni hinein. Die Weibchen dieser Generation legen etwa 100 cremefarbige, etwa 0,5 mm große Eier an die Blätter oder Wurzelhälse von Lauchgewächsen oder Zwiebelpflanzen ab. Nach einer Embryonalentwicklungszeit von 6–10 Tagen schlüpfen die Raupen, die sofort an den Blättern ihrer Wirtspflanzen zu fressen beginnen. Im weiteren Verlauf fressen sie sich in das Innere der Blätter vor, wodurch längs verlaufende Miniergänge entstehen. Im Juni/Juli verpuppen sich die Raupen in einem lockeren Gespinst, und im Juli/August fliegen die Falter der 2. Generation, die wieder ihre Eier an die Pflanzen ablegen. Die aus diesen Eiern schlüpfenden Raupen verursachen durch ihren Fraß im Juli bis Oktober den Hauptschaden. Die Raupen dieser Generation verpuppen sich und überwintern entweder als Puppe oder bereits als ausgeschlüpfter Falter.

Vorkommen: Die Lauchmotten sind stark an ihre Wirtspflanzen gebunden und kommen daher dort vor, wo sie diese finden. Man findet sie auf Lauch, Zwiebel und Schnittlauch.

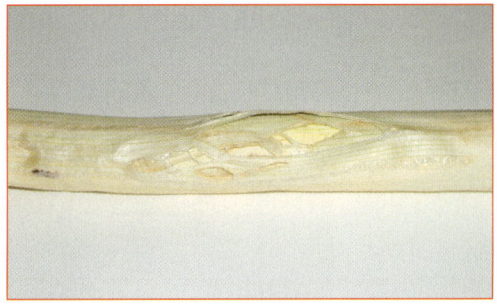

Schadbild: Befallene Pflanzen erkennt man an den längs verlaufenden Miniergängen, die bis in den Kern der Pflanze reichen können. Wenn die Gänge (Minen) bis in den Kern reichen, vergilben die Pflanzen. Stark befallene Pflanzen sind unbrauchbar.

Vorbeugung: Förderung der natürlichen Feinde, wie Schlupfwespen, Raupenfliegen und Fledermäuse. Mischkulturen anlegen, in denen Karotten und Sellerie beigemischt sind. Lauch- und Zwiebelgewächse sollten während der Flugzeit der Lauchmotte mit Insektennetzen abgedeckt und auch seitlich eingegraben werden. Pflanzenbeete mehrmals pro Woche mit Schachtelhalmjauche gießen.

Bekämpfung: Sobald man Fraßspuren festgestellt hat, sollte man die obersten Blätter abschneiden und vernichten. Pflanzen können auch mit heißem Wasser von 40–50 °C besprizt werden, um die Raupen abzutöten. Darüber hinaus hat es sich auch bewährt, die Raupen mit Rhabarber- und Rainfarntee zu übergießen.

Europäische Maulwurfsgrille
Gryllotalpa gryllotalpa

Aussehen: 40–60 mm groß; Körper schmutzigbraun gefärbt; Körperhabitus ähnelt, auch

aufgrund des langen und robusten Halsschildes, eher dem eines Krebses als dem einer Grille; Kopf erscheint von oben betrachtet dreieckig; an ihm inserieren 2 relativ kurze, fadenförmige, mehrgliedrige Fühler; Vorderbeine sind zu kräftigen Grabschaufeln mo-

difiziert worden; Hinterbeine sind nicht wie bei anderen Grillenarten zu Sprungbeinen ausdifferenziert; die Vorderflügel sind kurz und lederartig; die Hinterflügel sind bräunlich und zum Teil durchscheinend; sie überragen den Hinterleib; mit ihnen können die Maulwurfsgrillen kurze Strecken fliegen; am Hinterleib inserieren 2 lange Cerci; die Larven ähneln aufgrund der hemimetabolen Entwicklung dem Imago (adulten Tier).

Biologie: Das Insekt hat sich im Zuge seiner Evolution an eine unterirdische Lebensweise sehr gut angepasst. Mit seinen kräftigen, zu Grabschaufeln modifizierten Vorderbeinen gräbt es zahlreiche, knapp unter der Erdoberfläche verlaufende Gänge. Die Maulwurfsgrille ernährt sich von Pflanzenmaterial, Wurzeln, kleineren Bodeninsekten und Würmern. Nur zur Paarungszeit geht die Art an die Oberfläche, wo sie einen Geschlechtspartner sucht und sich paart. Nach der Paarung im Mai/Juni graben die Weibchen im Erdreich einen Gang und höhlen diesen in etwa 10–30 cm Tiefe zu einer faustgroßen Höhle aus, deren Wände sie mit einem Sekret verstärken. In dieser Höhle legt das Weibchen etwa 200–600 gelbliche, etwa 2–3 mm große Eier ab. Nach einer Embryonalentwicklungszeit von 2–3 Wochen schlüpfen die Larven, die zunächst noch weiß gefärbt sind, aber rasch braun werden. Sie sind in diesem Entwicklungsstadium noch flügellos. Das Muttertier betreibt Brutpflege und betreut die Larven. Diese ernähren sich von Feinwurzeln und Humuspartikeln. Nach 1–2 Häutungen verlassen sie die Nesthöhle und graben selber neue Gänge. Im Oktober graben sie sich 30–100 cm tief in den Boden ein und überwintern dort. In der Regel finden noch mehrere Häutungen statt, bis sie adult werden.

Vorkommen: Arten aus der Familie der *Gryllotalpidae* (Maulwurfsgrillen) sind nahezu weltweit verbreitet. Die Europäische Maulwurfsgrille kommt in Europa, Nordafrika und Westasien vor. In Gärten befällt sie Erdbeeren, Weinreben und zahlreiche Gemüsearten.

Schadbild: Die Larven fressen an den jungen und zarten Wurzeln, was die Pflanzen schwächt und im Extremfall zum Absterben bringt. Durch die Grabtätigkeit der adulten Tiere knapp unter der Erdoberfläche werden die Pflanzenstandorte zudem noch unterwühlt, so dass diese keinen Standraum mehr haben und in der Folge welken und absterben.

Vorbeugung: Förderung der natürlichen Feinde, wie Krähen, Eulen, Amseln, Stare, Maulwürfe, Spitzmäuse und Katzen.

Bekämpfung: Eine Bekämpfung ist nur in kommerziellen Gewächshäusern und Pflanz- und Forstgärten durchzuführen, da die Art bereits vom Aussterben bedroht ist und daher unter Naturschutz steht.

Schnecken
Gastropoda

Die Schnecken bilden weltweit eine sehr artenreiche Tierklasse und werden zum Stamm der Weichtiere (*Mollusca*) gezählt. Weltweit gibt es rund 43.000 Arten, die sowohl an Land als auch im Wasser (Süßwasser, Meer) oder amphibisch leben. Man unterscheidet Nacktschnecken, also Arten, die kein Schneckenhaus ausdifferenziert haben, und Gehäuseschnecken, die ein Schneckenhaus besitzen. Da die meisten terrestrischen (landbewohnenden) Schneckenarten pflanzenfressend (phytophag) sind, können sie beträchtlichen Schaden in Gärten und Gewächshäusern anrichten. Für den Gärtner und Hobbygärtner bedeutsam sind vor allem folgende Arten: Spanische Wegschnecke (*Arion lusitanicus*), Gartenwegschnecke (*Arion hortensis*), Große Egelschnecke (*Limax maximus*), Genetzte Ackerschnecke (*Deroceras reticulatum*), Gartenschnirkelschnecke (*Cepaea hortensis*), Weinbergschnecke (*Helix pomatia*) und im Gartenteich darüber hinaus noch die Schlammschnecken (*Lymnaea* sp.)

Aussehen

Arion lusitanicus: Bis 140 mm; Größe sehr variabel und von den Lebensbedingungen abhängig; Körperfärbung ist ebenfalls sehr variabel und reicht von umbrabraun bis braunrot, rot, orange, grau, grünlich-grau oder schwärzlich; typischer Nacktschneckenkörper mit einem glatten Mantelschild, an dessen Vorderende sich ein gut sichtbares Atemloch befindet. Kopf weist 2 Paar zurückziehbare (retrahierbare) Fühlerpaare auf; an den Enden der vorderen Fühler sitzen Augen; Zunge als Raspelzunge ausdifferenziert.

Arion rufus: Bis 180 mm; größte einheimische Nacktschnecke; Körper dunkelrot bis bräunlich gefärbt; mit runzeliger Haut; Mantel glatt mit gut sichtbarem Atemloch; Kopf weist 2 Paar

zurückziehbare Fühlerpaare auf; an den Enden der vorderen Fühler sitzen Augen; Zunge als Raspelzunge ausdifferenziert.

Arion hortensis: 30–50 mm; dunkelbraun bis fast schwarz; Fußsohle hell; Schleimspur farblos oder gelb; Mantelschild glatt mit gut sichtbarem Atemloch in der vorderen Hälfte; Kopf weist 2 Paar zurückziehbare Fühlerpaare auf; an den Enden der vorderen Fühler sitzen Augen; Zunge als Raspelzunge ausdifferenziert.

Limax maximus: Bis 150 mm; hellgrau bis weißlich gefärbt und mit seitlichen dunklen Flecken versehen; Schleimspur farblos; Mantelschild mit konzentrischen Runzeln und mit deutlich sichtbarem Atemloch am hinteren Ende; Schwanz gekielt; Kopf weist 2 Paar zurückziehbare Fühlerpaare auf; an den Enden der vorderen Fühler sitzen Augen; Zunge als Raspelzunge ausdifferenziert.

Deroceras reticulatum: 50–60 mm; hellgrau bis rotbraun gefärbt mit einer darüber liegenden dunklen, netzartigen Zeichnung; Mantelschild mit konzentrischen Runzeln und mit deutlich sichtbarem Atemloch am hinteren Ende; Kopf weist 2 Paar zurückziehbare (retrahierbare) Fühlerpaare auf; an den Enden der vorderen Fühler sitzen Augen; Zunge als Raspelzunge (Radula) ausdifferenziert.

Cepaea hortensis: Gehäuse bis 16 mm hoch und 20 mm breit; gelblich und dunkel gestreift; Kopf weist 2 Paar zurückziehbare Fühlerpaare auf; an den Enden der vorderen Fühler sitzen Augen; Zunge als Raspelzunge (Radula) ausdifferenziert.

Helix pomatia: Gehäuse rund 40 mm breit und ebenso hoch; cremefarben bis hell gelblich gefärbt; Kopf weist 2 Paar zurückziehbare Fühlerpaare auf; an den Enden der vorderen Fühler sitzen Augen; Zunge als Raspelzunge ausdifferenziert.

Biologie: Schnecken sind bei ausreichender Feuchtigkeit tag-, sonst nachtaktiv. Nacktschnecken bilden bei Trockenheit eine dicke Schleimhaut aus, die sie vor Austrocknung schützt. Die Überwinterung erfolgt in frostgeschützten Erdlöchern und -spalten, wobei der Stoffwechsel stark reduziert ist. Gehäuseschnecken sind zudem noch in ihrem Gehäuse zurückgezogen. Die Paarung der Schnecken findet im Spätsommer bis Herbst statt. Obwohl Schnecken Zwitter sind, finden sich meist Paarungspartner zusammen, die sich gegenseitig befruchten. Die Eier werden an geeigneten Stellen eingegraben. Die Embryonalentwicklung ist temperatur- und feuchtigkeitsabhängig und dauert zwischen zwei Wochen bis vier Monate.

Vorkommen: Schnecken sind nahezu weltweit verbreitet. Man findet sie an diversen Wild- und Kulturpflanzen.

Schadbild: Schnecken fressen mit ihrer Raspelzunge unregelmäßige Löcher in die Blätter und anderen Pflanzenteile. Bei genauem Hinsehen kann man meist noch die getrocknete Schleimspur erkennen. Bei starkem Befall werden die Pflanzen physiologisch geschwächt und beginnen zu welken. An den Fraßstellen können Sekundärinfektionen durch Bakterien und Pilze auftreten.

Vorbeugung: Förderung der natürlichen Feinde, wie Igel, Laufkäfer, Glühwürmchen, Blindschleichen, Kröten, Vögel etc.

Die Gartenerde sollte vor dem Frost bis in rund 20 cm gut gelockert werden, damit überwinternde Schnecken abfrieren. Dünne Mulchschicht aus getrockneten Brennnesseln, Beinwellblättern, Tomatenblättern, Farnkrautwedeln, Getreidespreu, Fichtennadeln, gehäckseltem Stroh und Rinde um die Pflanzen anlegen, da diese Mulchschicht von Schnecken gemieden wird. Im Garten sollten im Bereich der Kulturpflanzen Barrieren aus Sägemehlschichten, Schneckenzäunen, kurzen Rasen etc. angelegt werden, damit die Schnecken nicht zu den Kultur- bzw. Zierpflanzen gelangen können. Eventuelle Komposthaufen 5–10 m vom Garten entfernt anlegen. Pflanzen können vor dem Einsetzen mit Lavendel-, Begonien- oder Johannisbeerbrühe besprizt werden.

Bekämpfung: Indische Laufenten sind eine effiziente Methode, um einer Schneckenplage Herr zu werden. Verkehrt aufgestellte Tontöpfe und morsche Bretter als künstlichen Unterschlupf an strategischen Punkten aufstellen. Die Schnecken können dann tagsüber abgesammelt und entfernt werden. Gerne werden Schnecken auch mit Bierfallen, die an strategischen Punkten aufgestellt werden, bekämpft. Durch das Malz- und Hopfenaroma werden Schnecken angezogen und fallen in die Bierfallen hinein und ertrinken. Diese müssen täglich entleert und neu gefüllt werden. Chemisch werden die Schnecken mit Schneckengift, wie Methiocarb, das ein hochwirksames Nervengift ist, bekämpft. Von einem Einsatz wird abgeraten, da dieses

Nervengift auch auf andere Organismen, wie z. B. Säugetiere, wirkt. Weniger schädlich sind metaldehydhaltige Schneckenköder, die sehr schnecken-spezifisch wirken und sich in der Um-welt rasch abbauen. Trotzdem soll-te auch dieses Mittel mit allerhöchster Vorsicht appliziert werden. Wenn Klein-kinder vorhanden sind, sollte generell auf chemisches Schneckengift verzich-tet werden.

ist kurz; die Ohren verschwinden im Fell; der Schwanz ist sehr kurz, leicht geringelt und kurz behaart.

Wühlmäuse
Arvicolinae

Die Wühlmäuse stellen systematisch eine Un-terfamilie aus der Familie der *Cricetidae* dar, die rund 150 Arten umfasst. In Europa kom-men 27 Wühlmausarten vor, wobei für den Gärtner und Hobbygärtner vor allem die Große Wühlmaus = Schermaus (*Arvicola terrestris*) als Schädling bedeutend ist.

Aussehen: 110–250 mm lang; 60–180 g schwer; Färbung sehr variabel, von sandfar-ben bis dunkelbraun und schwärzlich; die Kör-perunterseite ist meist heller gefärbt; der Kopf

Biologie: Die Schermaus ist tag- und nacht-aktiv. Ein Weibchen bringt 3–4 mal jährlich durchschnittlich jeweils 5 Junge zur Welt. Die Jungtiere sind bereits nach 2 Monaten geschlechtsreif und legen sich dann einen eigenen Bau an. Durch dieses Verhalten brei-tet sich die Schermauspopulation relativ rasch aus. Alle 5–8 Jahre neigt die Art zur Massen-vermehrung. Die Lebenserwartung der Großen Wühlmaus beträgt rund 2 Jahre.

Vorkommen: Wühlmäuse sind nahezu welt-weit verbreitet. Die Schermaus findet man in menschlichen Gärten und Obstplantagen. Dort nagt sie an den Wurzeln junger Pflanzen.

Schadbild: Das Gangsystem einer Wühlmaus erkennt man an den eher wenigen, flachen und ungeordneten Erdhäufchen, die seitlich des Ganges aufgeschüttet werden. Befalle-ne Pflanzen weisen oft 3,5 mm breite Nage-zahnspuren auf. Gehölzpflanzen zeigen Welk-erscheinungen, Gemüsepflanzen werden oft bis zum Wurzelhals hin abgefressen, und Blumenzwiebeln werden oft als Ganzes ver-zehrt.

Vorbeugung: Förderung der natürlichen Feinde, wie Tag- und Nachtgreifer, Hermelin, Mauswiesel, Iltis, Füchse und Ringelnattern. Für die Greifvögel sollten Sitzstangen angelegt werden, damit diese angelockt werden. Für Eulen sollten entsprechende Unterschlüpfe geschaffen werden. Für die Marderartigen kann man Steinhaufen anlegen, damit sie Deckungsmöglichkeiten haben. Junge Bäumchen sollten mit einem wühlmausdichten Maschendraht geschützt werden. Blumenzwiebeln und Knollen am besten samt den Töpfen oder Körben in die Erde pflanzen.

Bekämpfung: Draht- und Kastenfallen sollten im Spätherbst oder zeitigen Frühjahr aufgestellt werden. Als Köder sollte nur Gemüse verwendet werden, da man sonst auch andere Kleinsäuger erwischen könnte. Beim Aufstellen der Fallen sollten Handschuhe getragen werden, damit kein menschlicher Geruch übertragen wird. Chemisch können Wühlmäuse mit Rodentiziden bekämpft werden. Da diese Stoffe hochgiftig sind, wird von ihrem Einsatz abgeraten.

Nützlinge erkennen und fördern

Nützlinge sind Organismen, die Schädlingspopulationen minimieren und damit dem Menschen dienlich sind. Um einen gesunden Garten zu haben, ist es daher sinnvoll, Lebensraumstrukturen zu schaffen, die nützliche Organismen anlocken und dauerhaft an den Garten binden. Das setzt natürlich entsprechende Kenntnisse über die Biologie der verschiedenen Nützlingsarten voraus. Die wichtigsten Nützlinge und deren Biologie werden in diesem Kapitel vorgestellt.

Nutzinsekten

Florfliegen
Chrysopidae

Sie sind natürliche Gegenspieler von Blattläusen, Blutläusen, Thripsen, verschiedenen Raupen und Milben. Sie leben tagsüber in Hecken und fliegen auf umliegende Kulturpflanzen. Vor allem die Florfliegenlarven ernähren sich von Schadinsekten. So vertilgt eine Larve während ihres zwei- bis dreiwöchigen Wachstums zwischen 200 bis 500 Blattläuse.

Fördermaßnahmen: Um Florfliegen anzulocken, sollten Wildblumenmischungen an Wegrändern ausgesät werden. Chemische Bekämpfungsmethoden vermeiden, da sonst die Nahrungsgrundlage für die Florfliegen fehlt. Im Fachhandel kann man Florfliegenquartiere

kaufen, die den Tieren als Überwinterungsplätze dienen. Man sollte diese Kästen im September auf rund 1,5 m hohen Pfählen anbringen und nach der Besiedelung im Winter in kühlen, regengeschützten Räumen lagern.

Laufkäfer
Carabidae

Sie sind natürliche Gegenspieler von diversen Insekten, wie z. B. Läuse, aber auch Schnecken. Sie leben auf oder im Boden, auf Pflanzen oder auf der Rinde von morschen Bäumen. Laufkäfer sind meist sehr mobil. Sowohl die Larven als auch die adulten Käfer stellen ihren Beutetieren nach. Pro Tag können Laufkäfer Nahrung bis zum Dreifachen ihres Körpergewichtes verzehren.

Fördermaßnahmen: Schaffung von Deckungsstrukturen, wie Reisighaufen, Steinriegel, Hecken, Laub und Holzreste. Toleranz gegenüber einem gewissen Wildkrautbesatz. Zugabe von organischem Material in den Boden. Asphaltierte Flächen vermeiden, da sie als Wanderbarriere wirken können.

Weitere räuberische Käfer, wie z. B. Kurzflügelkäfer (*Staphylinidae*), können mit ähnlichen Maßnahmen gefördert werden wie die Laufkäfer. Die Larven der Leuchtkäfer (*Lampyridae*) fressen Nackt- und Gehäuseschnecken.

Schwebfliegen
Syrphidae

Sie sind natürliche Gegenspieler von Blattläusen. Die adulten Tiere ernähren sich von Nektar, Pollen und Honigtau. Ihre Larven sind allerdings wichtige Blattlausvertilger. Eine Larve kann in 1–2 Wochen 400–700 Blattläuse verzehren.

Fördermaßnahmen: Pflanzung vieler blühender Pflanzen im Garten, wie z. B. Doldenblütler, Hahnenfußgewächse, gelbe Korbblütler, Rosengewächse und Gräser. Winterunterschlupfstrukturen, wie z. B. Mauerspalten schaffen oder erhalten. Keine chemische Bekämpfung der Beuteorganismen.

Raubwanzen
Reduviidae

Sie sind natürliche Gegenspieler von Blattläusen, Blattwespen, Spinnmilben und Thripsen. Sie leben am Boden, aber auch auf Pflanzen, wie z. B. Hecken und Doldenblüten. Ihre Beute halten sie mit den Vorderbeinen fest, lähmen diese mit dem Speichel und saugen sie schließlich aus.

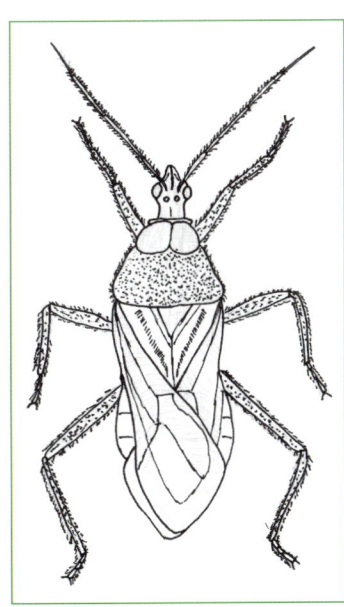

Fördermaßnahmen: Schutz und Pflege naturnaher Standorte, wie Ackerstreifen, Feldhecken, Obstbäume. Aussaat von Doldengewächsen im Garten. Schutz der Winterquartiere. Keine chemischen Spritzungen im zeitigen Frühjahr durchführen.

Ohrwürmer
Dermaptera

Sie sind natürliche Gegenspieler von Blattläusen, Spinnmilben und verschiedenen kleineren Raupen. Sie sind vor allem nachtaktiv und verstecken sich tagsüber gerne in Mauerritzen oder unter Holz und Steinen. Junge Ohrwürmer können bis 50, adulte Tiere sogar bis zu 120 Blattläuse pro Nacht verzehren.

Fördermaßnahmen: Im Frühjahr sollte man mit Holzwolle, Heu oder Moos gefüllte Tonblumentöpfe an Obstbäumen aufhängen. Anfang Mai bis Spätherbst sollte man Schlafröhren und Schlafsäcke, die man vom Fachhandel beziehen kann, auf Bäume und Sträucher stecken.

Schlupfwespen
Ichneumonidae

Zehrwespen
Proctotrupoidea und Ceraphronoidea

Sie sind natürliche Gegenspieler von Blatt- und Blutläusen, Schmetterlingen und zahlreichen anderen Schadinsekten. Schlupfwespen leben in Gärten, an Waldrändern, in Feldrainen und Feldgehölzen. Die adulten Tiere ernähren sich von Nektar, Honigtau und Pflanzensäften. Ihre Eier legen sie in Schadinsekten ab, von denen sich die ausschlüpfenden Schlupf- oder Zehrwespenlarven ernähren (parasitoid). In Europa wurde Anfang des letzten Jahrhunderts erfolgreich die Blutlauszehrwespe *Aphelinus mali* eingebürgert, die häufig an Obstbäumen zu finden ist.

Fördermaßnahmen: Etablierung und Erhaltung von geeigneten Lebensraumstrukturen, wie Feldraine, Wegrandstreifen mit Wildblumenmischungen, Hecken und Doldengewächsen. Einige Arten werden kommerziell für die biologische Schädlingsbekämpfung gezüchtet.

Marienkäfer
Coccinelidae

Sie sind natürliche Gegenspieler von Blattläusen, Spinnmilben und anderen Insekten. Sie leben auf naturnahen Wiesen mit großer Pflanzenvielfalt und ernähren sich in allen Entwicklungsstadien von (Schad)insekten. Larven und adulte Tiere können pro Tag bis zu 150 Blattläuse verzehren.

Larve vom Siebenpunktmarienkäfer

Fördermaßnahmen: Schaffung und Erhaltung von geeigneten Lebensraumstrukturen, wie Hecken, Sträucher, Wiesen und Felder. Es sollten auch Strukturen angelegt werden, in denen die Marienkäfer überwintern können, wie Laub, Steine, Gras, Rindenspalten, etc. Schädlinge sollten nicht mit Insektiziden bekämpft werden, da man den Käfern so die Nahrungsgrundlage entzieht oder sogar mitschädigt.

Wespen und Hornissen
Vespidae

Sie sind natürliche Gegenspieler von zahlreichen (Schad)-insekten, vor allem Fliegenarten. In Mitteleuropa kommen, einschließlich der Hornissen, 8 staatenbildende Faltenwespenarten vor. Man nennt sie so, weil sie in Ruhestellung ihre Flügel zusammenfalten. Der Lebenszyklus eines Staates ist einjährig, und nur die begatteten Jungköniginnen überleben die Winterzeit in einer Winterstarre. Alle anderen Tiere sterben bereits im Herbst. Eine Wespenarbeiterin lebt je nach Umweltbedingungen 2–4 Wochen. Wespen ernähren sich von Insekten, Blütennektar, Honigtau, süßem Obst etc.

Bedeutende Arten: Deutsche Wespe (*Vespula germanica*), Gemeine Wespe (*Vespula vulgaris*), Feldwespen (*Polistes* sp.) und Hornisse (*Vespa crabro*).

Fördermaßnahmen: Schaffung und Erhaltung von geeigneten Lebensraumstrukturen, wie z. B. Totholz in der Nähe des Gartens. Bereitstellen von Nisthölzern, die im Fachhandel gekauft oder selbst gebaut werden können. Da Wespen einen Giftstachel haben, fürchten sich viele Menschen vor ihnen. Gefährlich werden können sie allerdings nur Allergikern. Der Volksglaube, dass z. B. drei Hornissen einen Menschen und sieben ein Pferd töten können, ist reiner Unsinn. Das Gift der Hornissen ist nicht toxischer als das Gift von Bienen oder anderen Wespen. Zudem gibt eine Hornisse beim Stich nur einen geringen Teil des Giftsekretes aus der Giftblase ab. Wird man z. B. von einer Biene gestochen, deren Stachel und Giftblase dabei ausgerissen wird, erhält man eine höhere Dosis Gift als von Hornissen.

natürliche Lebenserwartung, wird aber selbst von vielen Fressfeinden, wie Marder, Igel, Katze, Bussard etc., bedroht.

Fördermaßnahmen: Anlegen und Erhalten von geeigneten Lebensraumstrukturen, wie z. B. feuchte Bodenstrukturen mit Deckungs- und Versteckmöglichkeiten, z. B. flache Steine, feuchte Wiesenstücke und Trockenmauern. Während der kalten Jahreszeit sollten Erdhöhlen, hohle Baumstöcke sowie Laub und Moos bereitgestellt werden.

Nützliche Kriechtiere und Amphibien

Blindschleiche
Anguis fragilis

Sie ist der natürliche Gegenspieler von zahlreichen Insekten, Nacktschnecken etc. Darüber hinaus frisst sie gerne Schneckeneier. Obwohl sie einen schlangenartigen Körper besitzt, ist sie eine Echse, die sich vor allem in den frühen Morgen- und den späten Abendstunden auf Nahrungssuche begibt. Sie hat eine hohe

Eidechsen
Lacerta sp. bzw. Podarcis sp.

Sie sind natürliche Gegenspieler von zahlreichen (Schad)insekten und Schnecken. Die meisten Eidechsenarten legen ihre Eier im Juni unter Steinen, im Kompost oder in Grasbüscheln ab. Ab Herbst suchen sie frostgeschützte Unterschlüpfe auf. Sie haben einen hohe natürliche Lebenserwartung, werden aber selbst von vielen Fressfeinden, wie Krähen, Greifvögeln, Mardern, Wieseln, Katzen und Igeln, bedroht.

Fördermaßnahmen: Anlegen und Erhaltung von geeigneten Lebensraumstrukturen, wie trockene Wiesen, Trockenmauern, steinige oder sandige Plätze, sonnenzugewandte Böschungen, Hecken und frostsichere Winterquartiere.

Erdkröte
Bufo bufo

Sie ist der natürliche Gegenspieler von zahlreichen (Schad)insekten, Spinnen, Asseln und Nacktschnecken. Wenn sich im Umkreis von 2 km ein Laichgewässer befindet, wandern Erdkröten von selbst in den Garten ein. Sie überwintern in Erdhöhlen. Wenn man Erdkröten angefasst hat, muss man sich die Hände gründlich reinigen, da sie toxische Hautsekrete abscheiden.

Fördermaßnahmen: Schaffung und Erhaltung von feuchten, dunklen Unterschlupfmöglichkeiten, wie Steinhaufen mit Laub, Erdhöhlen und Holzstapeln. Wenn kein Laichgewässer in der Nähe ist, kann man ein eigenes Feuchtbiotop anlegen. Als Winterquartiere können Erdhöhlen bereitgestellt werden.

Ähnliche Fördermaßnahmen gelten auch für andere Kröten- und Froscharten, wie z. B. dem Laubfrosch (*Hyla arborea*).

Molche und Salamander
Caudata = Urodela

Sie sind natürliche Gegenspieler von zahlreichen (Schad)insekten, Schnecken und Würmern.

Bedeutende Arten

Teichmolch
Triturus vulgaris

Kammmolch
Triturus cristatus

Feuersalamander
Salamandra salamandra

Fördermaßnahmen: Schaffung und Erhaltung von Unterschlupf- und Versteckmöglichkeiten, wie Baumwurzeln oder Steinhaufen. Anlegen eines Feuchtbiotops.

Fördermaßnahmen: Schaffung und Erhaltung von Nisthilfen, wie z. B. Nistkästen, Hecken, Gebüsche, Baumhöhlen etc. Es sollten auch Vogeltränken und Winterfutterplätze angelegt werden. Greifvögel lockt man am besten an, indem man Sitzrücken in 2–3 m Höhe aufstellt.

Indische Laufenten

Nützliche Vögel

Zahlreiche Sing-, Krähen- und Greifvögel sind nützlich, da sie viele Insekten, aber auch schädliche Kleinsäuger, wie z. B. Mäuse, vertilgen. Vor allem während der Zeit der Jungenaufzucht werden (Schad)insekten massenhaft vertilgt. Wichtige Vogelarten für den Gartenbesitzer sind Meisen, Amseln, Grauschnäpper, Buntspechte, Rotkehlchen, Rotschwanz, Haussperling, Schwalben und Stare sowie Tag- und Nachtgreifer.

Hühner

Nützliche Säugetiere

Igel
Erinaceus europaeus

Sie vertilgen Larven, Raupen und Imagines von zahlreichen Insekten. Darüber hinaus fressen sie Schnecken, Würmer und auch Kleinsäuger.

Fördermaßnahmen: Schaffung von Deckungs- und Unterschlupfstrukturen, wie Laub- oder Tannenreisighaufen, Gebüsche. Im Fachhandel sind zudem halbkugelige Holzbetonhöhlen erhältlich. Im Gartenzaun sollten Schlupflöcher geschaffen werden, damit die Igel einwandern können. Mit Fallobst und Erdbeeren kann man Igel füttern. Milch sollte keinesfalls gefüttert werden, da Igel nicht in der Lage sind, den Milchzucker (Lactose) zu spalten, weil ihnen das entsprechende Enzym fehlt. Sie können dann an Durchfall erkranken.

Maulwurf
Talpa europaea

Sie vertilgen zahlreiche Insekten, Tausendfüßer, Jungmäuse und Schnecken. Da sie durch ihre Wühltätigkeit zahlreiche Erdhügel im Garten anlegen, sind sie bei den Menschen oft nicht sehr beliebt und werden selbst sehr oft als Lästling betrachtet. Als reine Fleischfresser richten sie keinen Schaden an Pflanzen an.

Fördermaßnahmen: In der Regel erfolgt die Einwanderung in den Garten von selbst. Sollten Maulwürfe nicht erwünscht sein, kann man sie durch stark riechende Substanzen, wie Kaiserkrone, Wolfsmilch oder Steinklee, vergrämen. Auch Lärm verscheucht Maulwürfe. Keinesfalls dürfen Maulwürfe getötet werden.

Spitzmäuse
Soricidae

Sie vertilgen zahlreiche Insekten, Drahtwürmer, Asseln und Schnecken. Es sind tag- und nachtaktive Insektenfresser, die große Nahrungsmengen brauchen. Sie bauen Nester in verschiedenen Erdhöhlen, Baumstümpfen, Laubhaufen und unter Kompostmaterial.

Fördermaßnahmen: Schaffung und Erhaltung geeigneter Lebensraumstrukturen, wie hohle Baumstümpfe, Laub- und Reisighaufen, Naturhecken etc.

Fledermäuse
Chiroptera

Sie vertilgen zahlreiche nachtaktive Insekten, wie Eulenfalter, Spanner, Wickler, Schnaken, Mücken und Maikäfer, die sie mit Hilfe ihrer Ultraschallpeilung orten und fangen. Tagsüber hängen sie in ihren Unterschlüpfen.

Fördermaßnahmen: Schlupfwinkel, wie z. B. Schlitze in Scheunen, geöffnet halten, damit die Fledermäuse ein- und ausfliegen können. Schaffung und Erhalt von Versteck- und Unterschlupfmöglichkeiten, wie Erd- und Baumhöhlen, Grotten etc. Im Fachhandel sind darüber hinaus noch spezielle Fledermauskästen aus Holzbeton oder Holz erhältlich, die man im Garten anbringen kann.

Natürliche Pflanzenschutz- und -pflegemittel

Brühen und Jauchen

Im prophylaktischen und therapeutischen Pflanzenschutz werden Brühen und Jauchen eingesetzt. Die Auswirkungen auf Nichtzielorganismen und Nützlinge sind dabei noch wenig erforscht. Daher sollte auch die Applikation von Brühen und Jauchen gut überlegt werden. Generell sollten Anwendungen bei starkem Sonnenschein oder Regenwetter unterlassen werden. Meistens müssen die Behandlungen innerhalb der Behandlungsperiode wiederholt werden.

Rezeptur für Brühen

Je nach gewünschter Brühe werden bestimmte Kräuterarten genau eingewogen und für rund 24 Stunden in abgestandenem Wasser angesetzt. Danach wird die Brühe zum Kochen gebracht, anschließend wieder abgekühlt und bei den gewünschten Pflanzen und Beeten appliziert.

Rezeptur für Jauchen

Ausgewählte Pflanzen werden in einem mit Wasser gefüllten Kunststoff- oder Holzbehälter angesetzt und an einem sonnigen Platz stehen gelassen. Diese Mischung wird täglich umgerührt. Dabei werden einige Tropfen Baldrian und Kamille oder eine Hand voll Steinmehl dazugegeben, um die Geruchsbelästigung durch die Gärungsprozesse in Grenzen zu halten. Die Jauche ist dann für die Applikation bereit, wenn keine Blasen mehr aufsteigen und sich die Kräuter am Boden absetzen.

Tee, Auszüge und Extrakte

Rezeptur für Tee

Getrocknete Kräuter werden mit kochendheißem Wasser übergossen und zugedeckt. Dann lässt man den Tee für rund 5 Minuten ziehen. Nach dem Abkühlen ist er für die Applikation an Garten- und Zierpflanzen sowie an Pflanzenbeeten bereit.

Rezeptur für Auszüge

Je nach gewünschtem Auszug werden spezifische Kräuter in abgestandenem Wasser angesetzt. Für 1–3 Tage lässt man die Mischung an einem schattigen Standort ziehen. Nach dem Abseien ist der Auszug für die Applikation an Garten- und Zierpflanzen sowie an Pflanzenbeeten bereit.

Rezeptur für Extrakte

Um Extrakte zu gewinnen, muss der Saft aus den gewünschten Kräutern ausgepresst werden. Die Kräuter gibt man dazu für 1/2 Stunde in lauwarmes Wasser. Anschließend werden die feuchten Kräuter zerkleinert und püriert. Danach werden sie mit einem Tuch oder Papierfilter abgeseiht und können dann an Garten- und Zierpflanzen sowie an Pflanzenbeeten angewendet werden.

Nachstehende Tabelle gibt einen Überblick über bewährte Rezepturen aus Brühen, Jauchen, Auszügen, Tees und Extrakten:

Mittel	Kraut	Rezeptur	Verdünnung
Brennnesseljauche	Brennnessel	1 kg Frischmasse auf 10 l Wasser	10-fach für Bodenanwendung und 20-fach für Applikation an Pflanzen
Farnkrautjauche	Wurmfarn	1 kg Frischmasse auf 10 l Wasser	unverdünnt
Adlerfarnjauche	Adlerfarn	1 kg Frischmasse auf 10 l Wasser	10-fach oder unverdünnt
Knoblauchjauche	Knoblauch	0,5 kg Blätter und Schalen auf 10 l Wasser	10-fach
Schafgarbenjauche	Schafgarbe	1 kg Frischmasse auf 5 l Wasser	10-fach
Holunderjauche	Holunder	1 kg Blätter auf 10 l Wasser	5-fach
Wermutjauche	Wermut	0,5 kg Frischmasse auf 10 l Wasser	3-fach
Schachtelhalmbrühe	Ackerschachtelhalm	1 kg Frischmasse auf 10 l Wasser und kochen	3–5-fach
Brennnesselbrühe	Brennnessel	1 kg Frischmasse auf 10 l Wasser	3–5-fach
Rainfarnbrühe	Rainfarn	0,3 kg Frischmasse auf 10 l Wasser	unverdünnt
Rharbarberbrühe	Rhabarber	0,25 kg auf 5 l Wasser	unverdünnt
Wermutbrühe	Wermut	0,25 kg auf 5 l Wasser	unverdünnt
Tannenzapfenbrühe	Tannenzapfen	0,25 kg auf 5 l Wasser	unverdünnt
Schachtelhalmtee	Ackerschachtelhalm	0,50 kg auf 5 l Wasser	5-fach
Knoblauchtee	Knoblauch	0,75 kg trockene Knolle auf 10 l Wasser	unverdünnt
Rainfarntee	Rainfarn	0,15 kg Frischmasse auf 5 l Wasser	unverdünnt
Rharbarbertee	Rhabarber	0,25 kg Frischmasse auf 5 l Wasser	unverdünnt
Brennnesselauszug	Brennnessel	0,5 kg auf 5 l Wasser	unverdünnt
Adlerfarnauszug	Adlerfarn	0,5 kg Frischmasse auf 5 l Wasser	10-fach oder unverdünnt
Paradeiserauszug	Paradeiserblätter	0,15 kg auf 1 l Wasser	2-fach

Die Anwendungsmöglichkeit für die in der Tabelle beschriebenen Mittel finden Sie bei der Beschreibung des jeweiligen Schädlings im Punkt Bekämpfung!

Andere Pflanzenschutz- und -pflegemittel

Stammanstrich

Diese rindenpflegende Maßnahme regt das Kambiumwachstum an. Moos- und Flechtenbewuchs werden gehemmt. Schildläuse werden ferngehalten.

Rezeptur: 2,5 kg Lehm, 1,5 kg Kuhmist, 0,25 kg Stein- oder Algenmehl, 0,25 l Schachtelhalmbrühe und 0,25 kg Holzasche in 5 l warmes Wasser einrühren. Diese Masse wird mit einem groben Pinsel an frostfreien Tagen im November und Februar auf Stämme und starke Äste aufgetragen.

Schmierseifen-Spiritus-Lösung

5–10 g pflanzliche Schmierseife in 0,5 l Wasser einrühren und rund 15 ml Spiritus dazugeben. Bevor man diese Lösung anlegt, sollte man eine Probespritzung an weniger wichtigen Pflanzen machen. Wenn sich nach 1 Woche die Blätter noch nicht braun verfärben, kann man das Mittel einsetzen.

Algenpräparate

Diese Präparate führen den Pflanzen wichtige Mineralstoffe, wie z. B. Kalium und Magnesium sowie Spurenelemente zu. Man stellt die Extrakte aus verschiedenen Grün-, Braun- und Rotalgen der Gattungen *Ascophylum* sp., *Laminaria* sp., *Fucum* sp., *Lithotamnium* sp. her.

Saatbäder

Saatbeizen werden prophylaktisch gegen Schädlingsbefall und Mykosen sowie zur Unterstützung der Keimung angewendet. Saatgut wird für rund 20 Minuten in 50 °C heißes Wasser gelegt. Anschließend werden die Samen an schattigen Orten getrocknet und spätestens einen Tag später ausgesät.

Wurzelbad

Wurzeln von Jungpflanzen werden beim Versetzen in stark verdünnte Brennnesseljauchen, Lehmwasser oder Algenextrakte getaucht. Dadurch wird das Jugendwachstum gefördert.

Chemische Pflanzenschutzmittel

Die Anwendung von Pestiziden in privaten Gärten ist nicht zu empfehlen, weil die meisten Mittel unerwünschte Nebenwirkungen haben. So können z. B. Nichtzielorganismen (inklusive Nützlingsarten) ebenfalls geschädigt werden. Pestizide können in der Umwelt verbleiben und sich auch in Organismen anreichern (Bioakkumulation). Auf diese Weise werden sie über die Nahrungskette weitergegeben. In höheren trophischen Ebenen (Nahrungsebenen) reichern sich die Pestizide noch stärker an (Biomagnifikation). So zeigen z. B. Fische oder Vögel ein Vielfaches an Pestizidkonzentrationen als ihre Beutetiere. Weiters können bei unsachgemäßer Pestizidapplikation Schadorganismen mit hoher Generationszahl resistent gegen die Pestizide werden. Eine Pestizidapplikation ist nur in kommerziellen Gärtnereien möglich, weil hier gewährleistet ist, dass sie mit Sachkenntnis durchgeführt wird. In der Regel wird ein sogenannter „integrierter Pflanzenschutz" betrieben, d. h., es werden verschiedene Bekämpfungsmethoden (Nützlingsorganismen, chemische Mittel, natürliche Mittel, Pflege- und Therapiemaßnahmen) in einer intelligenten Weise miteinander verknüpft.

- **Herbizide:** Mittel gegen unerwünschte Pflanzen (unerwünschte Wildkräuter bzw. Unkräuter)
- **Fungizide:** Mittel gegen Pilze
- **Insektizide:** Mittel gegen Insekten
- **Akarizide:** Mittel gegen Spinnentiere
- **Rodentizide:** Mittel gegen Nager (Mäuse, Wühlmäuse und Ratten)
- **Molluskizide:** Mittel gegen Schnecken, z. B. Schneckenkorn

Wirkstoffe der Pestizide

Pyrethrum und Pyrethroide

Natürliches Pyrethrum ist ein rein pflanzlicher Wirkstoff und wird aus Chrysanthemen (*Tanacetum cinerariifolium*) extrahiert. Oft wird bei Pestiziden auf Pyrethrumbasis damit geworben, dass diese rein pflanzliche Wirkstoffe haben. Das ist zwar richtig, sie sind aber deswegen nicht weniger giftig. Die Natur bringt nicht nur harmonische Substanzen hervor, sondern auch toxische. Viele Insektizide und Akarizide basieren auf Pyrethrum bzw. Pyrethroiden als Wirkstoff. Pyrethroide wirken auch auf den Menschen giftig, wenn man sie einatmet. Heute werden Pyrethroide chemisch synthetisiert. Es handelt sich also um Nachahmungen des Pyrethrums. Pyrethroide sind neurotoxisch, d. h. sie wirken auf das Nervensystem vor allem von Insekten und Spinnentieren. Derartige Insektizide werden auch gegen Ektoparasiten (Milben, Flöhe) auf Haus- und Nutztieren eingesetzt. Auf keinen Fall dürfen Terrarienbesitzer pyrethroidhaltige Akarizide bei Reptilien (z. B. Schlangen) anwenden, um diese von Ektoparasiten, wie z. B. der Schlangenmilbe, zu befreien. Die Schlangen können die Pyrethroide über die Haut resorbieren und sterben dadurch relativ rasch.

Organophosphate und Carbamate

Diese Substanzen sind Wirkstoffe in einer Reihe von Insektiziden und werden vor allem gegen Ameisen angewendet. Sie wirken neurotoxisch (Nervengifte) und können auch beim Menschen Intoxikationssymptome, wie Husten, Übelkeit, Kopfschmerzen, Schwindel und Lähmungserscheinungen, hervorrufen. Darüber hinaus sind diese Wirkstoffe als umweltgefährlich einzustufen, da sie für Säugetiere, Vögel, Bienen und zahlreiche Wassertiere toxisch sind.

Zusätzliche Pestizidinhaltsstoffe

Pestizide enthalten meistens noch eine Reihe von Zusatz- und Hilfsstoffen, die neben den Wirkstoffen ebenfalls eine Reihe von unerwünschten Nebenwirkungen haben können.

Literatur

Bährmann Rudolf, 1995: Bestimmung wirbelloser Tiere. 3. Auflage. Gustav Fischer Verlag.

Bundesministerium für Land- und Forstwirtschaft, Umwelt und Wasserwirtschaft, 2005: Natur-Nische Hausgarten – Naturnaher Pflanzenschutz und Nützlinge in Haus und Garten.

Griegel Adalbert, 2001: Mein gesunder Obstgarten – Großer Krankheits-, Schädlings-Kalender – erkennen, vorbeugen, heilen. Griegel Verlag.

Hermanns Marieluise, 2001: Schädlinge und Lästlinge in Haus und Wohnung – Umwelt- und gesundheitsschonende Bekämpfung. Oesch Verlag.

Krieg Aloysius und Franz J. Martin, 1989: Lehrbuch der biologischen Schädlingsbekämpfung. Paul Parey Verlag.

Mehlborn Birgit und Heinz, 1990: Zecken, Milben, Fliegen, Schaben – Schach dem Ungeziefer. 3. Auflage. Springer Verlag.

Mehlborn Heinz und Piekarski Gerhard, 1995: Grundriß der Parasitenkunde. 4. Auflage. Gustav Fischer Verlag.

Ministerium für Ländlichen Raum, Ernährung, Landwirtschaft und Forsten, 1996: Integrierte Schädlingsbekämpfung an Pflanzen in Innenräumen.

Pfendtner Ingrid, 2004: Der Gartendoktor – Pflanzenkrankheiten erkennen und behandeln – Praxistipps zu allen Gartenproblemen. Knaur Ratgeber Verlage.

Schaefer Matthias, 1994: BROHMER – FAUNA von Deutschland. 19. Auflage. Quelle&Meyer Bestimmungsbücher.

Seifert Bernhard, 1996: Ameisen – beobachten, bestimmen. Naturbuch Verlag.

Skofitsch Gerhard, 1994: Heimische Tierformen – Arbeitsskriptum zum gleichnamigen Proseminar. Aufgelegt am Institut für Zoologie der Karl-Franzens-Universität Graz.

Weidner Herbert, 1993: Bestimmungstabellen der Vorratsschädlinge und des Hausungeziefers Mitteleuropas. 5. Auflage. Gustav Fischer Verlag.

Index